Niama Heimeur

Le poirier de la Mamora Pyrus mamorensis Maire (Trabut)(Rosaceae)

Niama Heimeur

Le poirier de la Mamora Pyrus mamorensis Maire (Trabut)(Rosaceae)

Étude botanique, phytochimique et potentiel antifongique

Presses Académiques Francophones

Impressum / Mentions légales
Bibliografische Information der Deutschen Nationalbibliothek: Die Deutsche Nationalbibliothek verzeichnet diese Publikation in der Deutschen Nationalbibliografie; detaillierte bibliografische Daten sind im Internet über http://dnb.d-nb.de abrufbar.
Alle in diesem Buch genannten Marken und Produktnamen unterliegen warenzeichen-, marken- oder patentrechtlichem Schutz bzw. sind Warenzeichen oder eingetragene Warenzeichen der jeweiligen Inhaber. Die Wiedergabe von Marken, Produktnamen, Gebrauchsnamen, Handelsnamen, Warenbezeichnungen u.s.w. in diesem Werk berechtigt auch ohne besondere Kennzeichnung nicht zu der Annahme, dass solche Namen im Sinne der Warenzeichen- und Markenschutzgesetzgebung als frei zu betrachten wären und daher von jedermann benutzt werden dürften.

Information bibliographique publiée par la Deutsche Nationalbibliothek: La Deutsche Nationalbibliothek inscrit cette publication à la Deutsche Nationalbibliografie; des données bibliographiques détaillées sont disponibles sur internet à l'adresse http://dnb.d-nb.de.
Toutes marques et noms de produits mentionnés dans ce livre demeurent sous la protection des marques, des marques déposées et des brevets, et sont des marques ou des marques déposées de leurs détenteurs respectifs. L'utilisation des marques, noms de produits, noms communs, noms commerciaux, descriptions de produits, etc, même sans qu'ils soient mentionnés de façon particulière dans ce livre ne signifie en aucune façon que ces noms peuvent être utilisés sans restriction à l'égard de la législation pour la protection des marques et des marques déposées et pourraient donc être utilisés par quiconque.

Coverbild / Photo de couverture: www.ingimage.com

Verlag / Editeur:
Presses Académiques Francophones
ist ein Imprint der / est une marque déposée de
AV Akademikerverlag GmbH & Co. KG
Heinrich-Böcking-Str. 6-8, 66121 Saarbrücken, Deutschland / Allemagne
Email: info@presses-academiques.com

Herstellung: siehe letzte Seite /
Impression: voir la dernière page
ISBN: 978-3-8381-7462-4

Presse Academique Francophone (paf)

Le poirier de la Mamora

Pyrus mamorensis Maire (Trabut) (Rosaceae)

Etude botanique, phytochimique
et potentiel antifongique

Niâma HEIMEUR

Docteur en Biotechnologies végétales
Faculté des sciences, Agadir (Maroc)

Année 2012

1

Lalla Mina IDRISSI HASSANI

Mohammed Amine SERGHINI

   Faculté des sciences (Agadir, Maroc)

Jean Marie BESSIERE

   Ecole Nationale Supérieure de Chimie et responsable du Laboratoire de Chimie Macromoléculaire (Montpellier, France).

Barbara M. REED

Bruce R. BARTLET

   National Clonal Germoplasm Repository (**NCGR** ; Corvallis, USA)

   Direction Régionale des Eaux et Forêts et de la Lutte Contre la Désertification (Rabat, Maroc)

Ce travail consiste en une contribution à la valorisation d'une plante endémique du Maroc, *"Pyrus mamorensis"* à vertus médicinales connue sous le nom du poirier sauvage de la forêt de la Mamora dont elle tire son nom. C'est une Rosaceae communément appelée « *N'jjach* » ou « *N'ggas* ». Pour ce faire, quatre aspects de recherche ont été développés chez cette espèce : l'aspect floristique, phytochimique, l'activité antifongique, et la culture *in vitro*. Une synthèse bibliographique sur la position systématique et la description botanique de la famille des Rosaceae, en général, et de *Pyrus mamorensis,* en particulier, a fait l'objet de la première partie du travail. Un volet portant sur l'approche floristique de l'espèce a été évoqué en réalisant une étude anatomique *via* des coupes histologiques de ses organes.

Le screening phytochimique de l'espèce a fait l'objet de la deuxième partie de ce manuscrit. L'analyse du criblage a mis en évidence chez *P. mamorensis* différentes classes de métabolites secondaires. Ces composés sont qualitativement et quantitativement variables selon l'organe étudié et sont entre autres : les coumarines, les terpènes, les tanins, les saponines, et les flavonoïdes. La caractérisation (purification et identification) de différentes molécules de la famille des polyphénols (des feuilles, des fleurs et de la tige) ont révélé la richesse de cette plante en aglycones flavoniques, en acides phénols, et en anthocyanes et nul ne peut ignorer l'importance de ces métabolites dans le domaine thérapeutique. Ainsi, cette étude faite pour la première fois, a mis en évidence chez *P. mamorensis* la présence des acides phénols (acide gentisique, acide chlorogénique et acide caféique) des flavonols (Kæmpférol et Quercétine) et des anthocyanes (Cyanidine et Hirsutidine). Un autre volet de l'étude phytochimique a consisté en l'étude des substances volatiles par la technique de la CPG-SM. Cette approche a confirmé la richesse de *P. mamorensis* en ces composés. La troisième partie de cette étude a été consacrée à l'évaluation de l'activité antifongique des différents extraits de *P. mamorensis* après extraction aux solvants organiques, sur trois champignons pathogènes : *Penicillium expansum, Penicillium digitatum* et *Geotrichum citri-aurantii*. Les résultats obtenus ont révélé des profils d'activités antifongiques variables selon l'organe et le solvant d'extraction utilisé. En effet, l'extrait du mélange méthanolique de la tige avec l'extrait d'acétate d'éthyle du fruit « **M+A** » a engendré une inhibition de 100% de la croissance de *P. expansum*. L'efficacité démontrée des extraits face aux champignons testés présente un intérêt d'envergure en biologie appliquée notamment dans la lutte antifongique.

Mots-clés : *Pyrus mamorensis,* Mamora, screening phytochimique, polyphénols, composés volatils, activité antifongique

SUMMARY

This work is a contribution to the valorization of an endemic plant of Morocco, "*Pyrus mamorensis*" thanks to its potential medicinal properties. This Rosaceae known as the wild pear tree in the forest of Mamora is commonly called "N'jjach" or "N'ggas". To do this, four aspects of research have been developed on this species: the floristic aspect, phytochemical study, antifungal activity and *in vitro* culture. A literature review on the systematic position and botanical description, in general of Rosaceae family, and particularly of *Pyrus mamorensis* species has been the subject of the first part of this work. A floristic approach of the species has been realized by anatomical study using histological sections of aerial organs.

The second part of the manuscript focused on phytochemical screening. The analysis showed different classes of secondary metabolites in *P. mamorensis*. These compounds including: coumarins, terpenes, tannins, saponins, and flavonoids are qualitatively and quantitatively variable depending to the studied organ. The characterization (purification and identification) of different molecules of polyphenols in leaves, flowers and stem revealed the richness of this plant on flavone aglycones, phenolic acids and anthocyanins which considered as important metabolites in the therapeutic field. Indeed, this study never conducted on *P. mamorensis* demonstrated significant presence of phenolic acids (gentisic acid, chlorogenic acid and caffeic acid), flavonols (kaempferol and quercetin) and anthocyanins (cyanidin and Hirsutidine). Another component of the study consisted of the phytochemical study of volatile coumpounds using the GC-MS technique. This approach confirmed the richness of *P. mamorensis* in precited compounds.

The third part of present study was devoted to assessing the antifungal activity of different extracts of *P. Mamorensis,* after extraction with organic solvents, on three pathogenic mushrooms: *Penicillium expansum, Penicillium digitatum* and *Geotrichum citri-aurantii.* Antifungal activity patterns vary following the extracted organ and the extraction solvent used. Indeed, the mixture of methanol extract of the stem and ethyl acetate extract of the fruit **"M + A"** has caused 100% inhibition of growth of *P. expansum*. The proven efficiency of antifungal activity of tested extracts has a major interest in applied biology particularly in the biological fight.

Keywords: *Pyrus mamorensis, Mamora, phytochemical screening, polyphenols, volatil compounds, antifungal activity.*

PREMIER CHAPITRE

APPROCHE BOTANIQUE ET FLORISTIQUE DE *Pyrus Mamorensis*

DEUXIEME CHAPITRE

ETUDE PHYTOCHIMIQUE DE *Pyrus Mamorensis*

TROISIEME CHAPITRE

ETUDE DE L'ACTIVITE ANTIFONGIQUE DES EXTRAITS DE *Pyrus Mamorensis*

ABREVIATIONS

SOLVANTS ET PRODUITS CHIMIQUES

AcEt	: Acétate d'éthyle
AcOH	: Acide acétique
Al_3	: Aluminium
$AlCl_3$	: Chlorure d'Aluminium
$CHCl_3$	: Chloroforme
DMSO	: Dimethylsulfoxide
EtOH	: Ethanol.
$FeCl_3$	: Chlorure ferrique
HCN	: Cyanure
H_2O	: Eau distillée
KOH	: Hydroxyde de Potassium (Potasse)
MeOH	: Méthanol
NaOH	: Hydroxyde de Sodium (Soude)
NEU	: 2 Aminoéthyl-diphénylborate
NH_4OH	: Ammoniaque
Tol.	: Toluène

AUTRES

CCM	: Chromatographie sur couches mince.
CG/SM	: Chromatographie en phase gazeuse couplée au spectromètre de masse
CP	: Chromatographie sur papier Wathman N°1
DO	: Densité optique
IK	: Indice de Kovats
Min	: Minute
ml	: Millilitre
nm	: Nanomètre
ppm	: Partie pour million
Rf	: Référence frontale
Sp.	: Espèce
UV	: Ultra violet
µl	: Microlitre
λ	: Longueur d'onde
%	: Pourcentage

LISTE DES FIGURES

LISTE DES TABLEAUX

INTRODUCTION & PROBLEMATIQUE

INTRODUCTION

Au Maroc, le domaine forestier joue un rôle d'envergure tant sur le plan socio-économique, écologique que scientifique avec une richesse floristique importante, qui est estimée à 4500 espèces et sous espèces, avec 920 genres et 130 familles (Fennane 2004). En plus des diverses richesses que lui confèrent sa situation géographique (côtes atlantiques et méditerranéennes, chaînes de montagnes, déserts ...) et sa grande variété bioclimatique (humide à saharien), le Maroc dispose d'un domaine forestier qui s'étend sur une superficie d'environ 9 millions d'hectares renfermant une importante diversité bioécologique et comptant plus de 4500 espèces et sous espèces dont 537 endémiques. Cette biodiversité est constituée d'une panoplie d'essences forestières marocaines qu'on peut repartir comme suit (Tableau 1) :

Tableau 1 : Répartition en superficie des principales essences forestières marocaines (D'après Hammoudi, 2000)

Essence	Superficie (en ha)
Chêne vert	1 360 000
Acacia saharien	1 128 000
Arganier	830 000
Thuya	600 000
Chêne liège	350 000
Genévrier	240 000
Cèdre	132 000
Matorral	958 000
Autres feuillus	126 000
Autres résineux	90 000

Ces essences variées contribuant à l'équilibre écologique des écosystèmes forestiers n'échappent cependant pas aux divers facteurs de dégradation qu'ils soient systématiques (action anthropique) ou accidentels (pollution, incendies...) ce qui porte préjudice à la qualité de ces écosystèmes et à leur équilibre écologique, d'autant plus que le taux de boisement au Maroc, qui est d'environ 9%, est bien en dessous de l'optimum (15 à 20 %).

Parmi ces écosystèmes forestiers, les subéraies sont les plus importantes au Maroc du fait qu'elles représentent plus de 15% de la superficie mondiale des subéraies. Elles s'étendent dans la portion nord-occidentale depuis les plaines littorales jusque dans le Rif central et le Moyen Atlas, le Rif occidental, le Rharb, la Mamora, le Plateau Central et l'axe de Rabat-Casablanca (Emberger, 1939) (Figure 1).

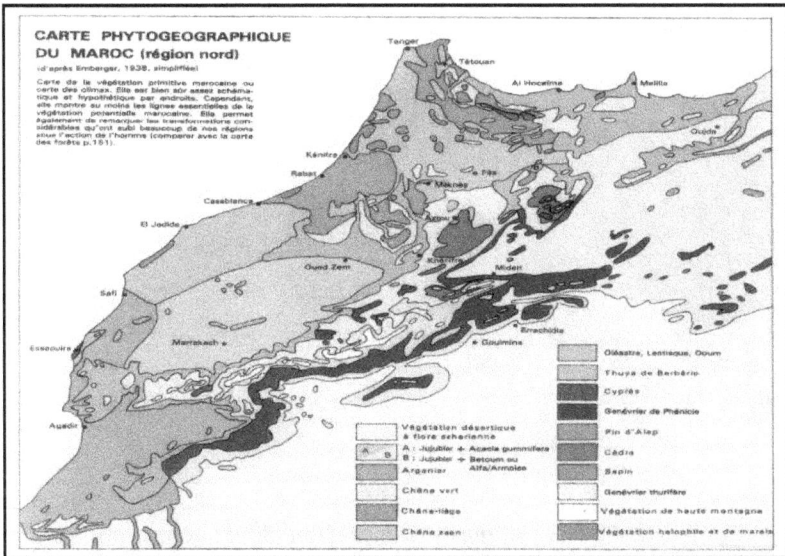

Figure 1: Répartition géographique des subéraies au Nord du Maroc
(Emberger, 1939)

Les subéraies ont aussi été sujettes à différentes formes de dégradation et de périssement. C'est pour cette raison que *Le Ministère Chargé des Eaux et Forêts* a entrepris depuis les années 90, des programmes pour la reconstitution et la sauvegarde des subéraies. Des études réalisées dans le même cadre (PFN, 1998) ont permis l'identification de cinq sites d'intérêt biologique et écologique (SIBE) dont la forêt de Mamora (Figure 2) considérée comme le plus apprécié de ces sites.

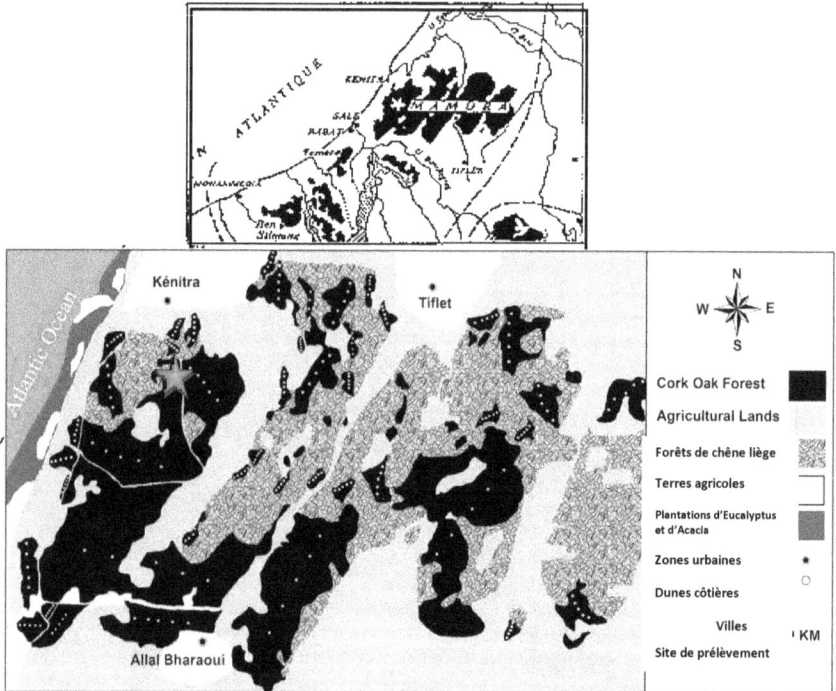

Figure 2 : **Carte de la Mamora (situation en 2005) montrant les surfaces occupées par le Chêne-liège** (subéraie indiquée en plages sombres) **(Cherkaoui et al., 2009).** L'astérisque marque l'emplacement approximatif de notre site d'étude.

En effet, mise à part la grande diversité de ses peuplements (naturels, endémiques et artificiels), elle est considérée comme étant la subéraie la plus étendue du Maroc et du monde (Natividade, 1956). Située sur la côte atlantique, cette forêt qui occupait vers le début du siècle (1918) plus de 133 000 ha (Vidal, 1951) n'occupe guère actuellement que la moitié environ 60000 ha (Bendaanoun, 1998 ; Benzyane, 1998).

Elle est essentiellement caractérisée par le chêne liège, mais elle renferme aussi une diversité d'espèces végétales (plus de 408 taxons) dont certaines sont endémiques de la Mamora (Aafi et *al.*, 2005), comme *Pyrus mamorensis* ou poirier sauvage, dont elle doit son nom d'ailleurs.

Pyrus mamorensis Maire (trabut) est une espèce endémique du Maroc plus précisément de la Mamora. C'est une Rosaceae connue communément sous le nom de « *N'jjach* » ou « *N'ggas* » et qui est considérée comme espèce vulnérable et menacée sur le plan écologique. Cet arbre aurait des utilisations en tant que plante médicinale (en phytopharmacie et/ou phytosanitaire) comme ses homologues communs du genre *Pyrus*, notamment le poirier commun "*Pyrus communis*". Par ailleurs, cet arbre endémique et sauvage présente l'intérêt d'être répertorié comme ressource phytogénétique renfermant un réservoir de variabilité génétique sauvage pouvant contribuer à l'optimisation et à l'amélioration (résistance, rendement, conservation...) des cultures de Rosaceae économiquement appréciées. Pour cela et en l'absence, dans la littérature, de travaux citant cette espèce, il est opportun de mener des études sur tous les plans, pour une meilleure valorisation de cette espèce en tant que patrimoine végétal endémique de la Mamora.

C'est dans cette optique que s'insère cette recherche, visant l'étude de *Pyrus mamorensis* en vue de contribuer à sa connaissance et par la suite à sa valorisation. C'est une plateforme pour d'autres travaux à venir qui s'intéresseront à cette espèce, il tourne autour des axes suivants :

i) Etude botanique de l'espèce Pyrus mamorensis :
Dans l'objectif de contribuer à la connaissance de cette espèce, cette partie donnera une description plus ou moins détaillée de la plante (port végétal, organes de

reproduction, aspects d'adaptation…) et un aperçu succinct sur son écologie en analysant certains caractères morphologiques et en se basant sur des données biogéographiques et floristiques.

Cette même partie inclura une étude histologique et cytologique des différentes parties de la plante.

ii) **Etude phytochimique** consiste en l'extraction et l'étude des métabolites secondaires de différents organes de *P. mamorensis* en réalisant un screening phytochimique de divers composés secondaires (flavonoïdes, terpènes, anthocyanes, alcaloïdes, composés cyanogéniques, coumarines, composés volatils...). Nous aborderons aussi l'isolement et l'identification de certaines molécules présentes dans les feuilles, la tige et la fleur de la plante. Enfin, nous effectuerons une approche sur les composés volatils des différents organes étudiés.

P. mamorensis est également considéré comme arbre menacé sur le plan écologique. Pour cette raison, et pour contribuer à la préservation du patrimoine végétal, il a été donc jugé important d'étudier des substances naturelles issues des extraits de cette plante (utilisées en médecine traditionnelle marocaine) en vue de valoriser cet arbre endémique, de tant plus que c'est une plante presque méconnue sur le plan phytochimique et pharmacologique.

iii) **L'étude de l'activité biologique des extraits de *P. mamorensis*** pour une éventuelle utilisation dans la lutte intégrée dans le domaine phytosanitaire.

Nous prévoyons à travers ce travail, mieux connaître nos ressources végétales et valoriser leurs sous produits naturels, toute en mettant l'accent sur *P. mamorensis* en tant qu'espèce rare et endémique marocaine, malheureusement, menacée d'extinction.

PREMIER CHAPITRE

APPROCHE BOTANIQUE ET FLORISTIQUE

DE

Pyrus mamorensis

I. Introduction

Pyrus mamorensis. Maire (Trabut) ou poirier sauvage de la Mamora, est une espèce calcifuge, de la famille des Rosaceae, endémique de la forêt de Mamora (Maroc occidental), grande étendue de chêne liège au Maroc. Cette forêt de chêne-liège de la Mamora est une formation presque pure, parsemée par quelques pieds isolés du poirier de la Mamora (*Pyrus communis* ssp. *mamorensis*). Le sous-bois est constitué principalement par le cytise à feuilles de lin (*Teline linifolia*), la lavande stoechade (*Lavandula stoechas*), le cytise arborescent (*Cytisus arboreus*s sp. *baeticus*), l'asphodèle (*Asphodelus microcarpus*), le palmier nain (*Chamaerops humilis*), la passerine (*Thymelaea lythroïdes*), et des graminées diverses (Aafi. 2006)

D'un point de vue systématique, *Pyrus mamorensis* est une espèce appartient à la sous-classe des Rosidae, à l'ordre des Rosales, famille des *Rosaceae*.

C'est une espèce relativement méconnue et très peu étudiée. Sa fragilité, l'état de dégradation de ses peuplements rares ont conduit à faire son étude afin de la valoriser et de mieux la connaître.

Dans cette optique, nous consacrons ce chapitre à une synthèse bibliographique de l'espèce en question, son ordre et sa famille, et nous espérons ainsi apporter plus d'éclaircissements et une contribution à une meilleure connaissance de ce taxon.

II. Synthèse bibliographique

1. Historique : la poire au fil du temps

Dans pratiquement toutes les langues occidentales, le nom de la « **poire** » est directement dérivé du mot latin « *Pyra* ». Le terme est apparu dans la langue française au XIIe siècle.

Les arbres du genre *Pyrus* sont originaires du Moyen-Orient et des zones subalpines du Cachemire. On trouve encore des espèces sauvages en Asie centrale et en Extrême-Orient, dont les fruits sont tellement petits et peu nombreux, qu'ils ne sont guère cueillis que par les oiseaux.

On estime que les agriculteurs ont commencé à domestiquer le poirier il y a 7000 ans, probablement en même temps que le pommier. La littérature cite un certain chinois (nommé Feng Li), qui 5000 ans avant notre ère, aurait abandonné son poste de diplomate pour se consacrer à sa nouvelle passion, la greffe des pêchers, des amandiers, des plaqueminiers, des poiriers et des pommiers. Deux mille ans plus tard, la poire figurait sur des tablettes d'argile sumériennes, aux côtés du thym et des figues.

Les Grecs l'ont certes appréciée puisque Homère disait d'elle que c'était un cadeau des dieux. Mais, c'est aux Romains que l'on doit sa diffusion dans le reste de l'Europe, après l'avoir largement croisée et créer une cinquantaine de variétés. À l'heure actuelle, il y aurait dans le monde plus de 15000 variétés, toutes dérivées de deux espèces : la poire dite asiatique (*Pyrus sinensis*) et la poire dite européenne (*Pyrus communis*) (Wikipédia, 2010).

En Chine, la fleur du poirier est le symbole du caractère éphémère de l'existence, car elle est très fragile. Les noms qu'on lui a donnés au fil des siècles en témoignent assez bien: Belle Lucrative, Comtesse d'Angoulème, Doyenne du Comice, Duchesse d'Orléans, Joséphine de Malines, Louise-bonne de Jersey, Marie-Louise, Madeleine, Winter Nelis...(Toussaint-Samat 1987).

2. Famille des Rosaceae

2.1. Systématique

Parmi les ordres des Rosidées hypogynes dialycarpellées, les Rosales comptent une des familles les plus communes et réputées : celle des Rosaceae. Cet ordre comprend également d'autres familles assez représentées dans la nature, à savoir les familles suivantes :

Famille Barbeyaceae Rendle   (1916)
Famille Cannabaceae Martinov   (1820) (incl. Celtidaceae)
Famille Dirachmaceae Hutch.   (1959)
Famille Elaeagnaceae Juss.   (1989)
Famille Moraceae Gaudich.   (1835)
Famille Rhamnaceae Juss.   (1789)
Famille Ulmaceae Mirb.   (1815)
Famille Urticaceae juss.   (1789) (incl. Cecropiaceae)

La " Famille " des Rosaceae au sens large appartenant à l'**Ordre des Rosales** Bercht
& J. Presl (1820) est décrite systématiquement comme suit :

Règne   :   Végétal / Plante

Sous Règne :   Spermaphyte

Division   :   Angiosperme

Classe   :   Dicotylédone

Sous-classe :   Rosidées

Ordre   :   Rosales

Famille   :   Rosaceae **(plus de 100 genres et 3370 espèces dont**
                 ***Pyrus mamorensis*)**

La position de la famille des Rosaceae dans le système de classification
évolutive est définie par un ensemble de caractères et critères assez diversifié donnant
naissance à trois modèles selon le degré de l'évolution des taxons, ces modèles sont
résumés dans le Tableau I. 1:

**Tableau I.1 : Position de la famille des Rosaceae dans les systèmes de
classification évolutives (Dohou, 2004)**

Rosaceae					
Système de classification	Classe	Sous classe	Super-ordre ou série	Ordre	Famille
Type préphylogénétique	Dicotylédones	Archichlamydés dialypétales	Série des Dialypétales caliciflores	Rosales	Rosaceae
Type Cronquist	Dicotylédones	Rosidae	-	Rosales	Rosaceae
Type APG II	Dicotylédones à pollen triaperturé (évoluées)	Rosidae	Eurosides (I)	Rosales	Rosaceae

L'ordre des Rosales (Angiospermes dicotylédones) est très important, cosmopolite, réunissant plusieurs milliers d'espèces. Il comprend aussi bien des espèces herbacées que des arbres dont une bonne partie sont des arbres fruitiers.

C'est un exemple de grand taxon par enchaînement : très hétérogène, il ne présente pas de caractères généraux évidents, mais il constitue un ensemble de familles telles que chacune est manifestement affine avec au moins une autre ; les familles les plus dissemblables sont ainsi reliées par une chaîne de familles qui se ressemblent deux à deux. Les limites entre cet ordre, qu'il est difficile de définir, et d'autres ordres ne peuvent pas être nettes : l'appartenance de certaines petites familles aux Rosales est admise par tel taxinomiste et refusée par tel autre (tableau I. 1).

D'après la conception des Rosales qui a été proposée en 1970 par A. Cronquist, l'ordre comprend 17 familles et environ 20 000 espèces, dont plus de 13 000 pour les seules Légumineuses et les 7000 espèces restantes se partagent, d'une part, en 3 familles principales, d'importance mondiale, les Rosaceae (plus de 3500 espèces), les Crassulacées (1500 espèces) et les Saxifragacées (1200 espèces) et d'autre part, en 13 petites familles (dont 7 comptent chacune moins d'une dizaine d'espèces) proches de l'une ou de l'autre des trois précédentes (Judd et *al.*, 1999). (Figure I. 1)

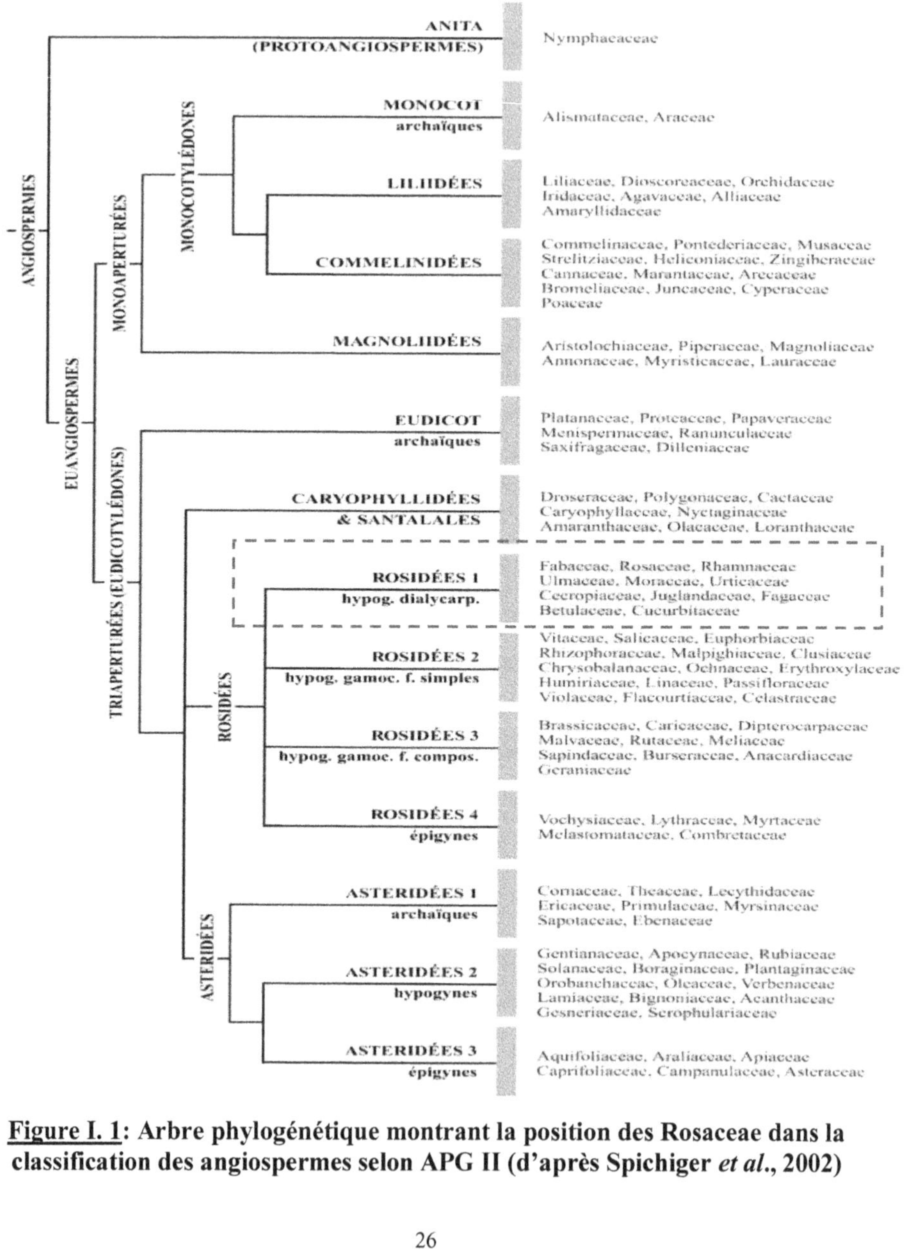

Figure I. 1: **Arbre phylogénétique montrant la position des Rosaceae dans la classification des angiospermes selon APG II (d'après Spichiger *et al.*, 2002)**

Le genre *Rosa* est attesté dès l'Oligocène (il y a 35 à 40 millions d'années) grâce à des fossiles d'une espèce proche de *Rosa nutkana* trouvés dans l'Oregon (États-Unis). Les fossiles montrent que les Rosaceae sont compatibles avec les anciennes Dicotylédones (Heywood, 2007). Ce genre s'est répandu sur l'ensemble de l'hémisphère Nord (Judd et *al.,* 1999). Les espèces que l'on trouve sur l'hémisphère Sud (Rose musquée du Chili, par exemple) s'y sont naturalisées après introduction par les hommes.

Toutes les plantes communément regroupées sous le nom « Rosaceae » appartiennent au même ordre, celui des Rosales. Au sein des Rosaceae, on distingue en fait les quatre sous familles suivantes distinguées essentiellement sur la base des caractères du gynécée et des fruits (Tableau I. 2) :

- La sous-famille des **Maloïdeae** qui comprend les arbres dont les fruits sont à pépins comme les pommiers (*Malus*) ou les poiriers (*Pyrus*), les fleurs sont rondes, comprenant 5 pétales sont répartis en corolle, supportée par un calice de 5 sépales. Une à trois douzaines d'étamines. Ovaire infère ou semi-infère. Le fruit contient de 1 ou 2 pépins (les graines), logées dans 2 à 5 carpelles, avec calice sous le fruit (par exemple sous la pomme ou la poire), la peau est charnue.

- Ces arbres tolèrent les greffes, ce qui a permis d'améliorer des cultivars. Citons l'exemple des genres: Alisier, Amélanchier, Aubépine, Néflier, Cognassier, Cotoneaster, Poirier, Pommier, Sorbier, Crataegus et Mespilus (Encarta, 2009).

- La sous-famille des **Amygdaloïdeae** (ou *Prunoideae*) qui comprend les arbustes et arbres dont les fruits ont un noyau et une peau fine. Ce sont des drupes telles que les cerisiers et les pruniers : La fleur est généralement épigyne; carpelle 1 (à 5), sépales souvent caduques, feuilles simples, stipules présents. Citons l'exemple du genre *Prunus* : Abricotier, Amandier, Cerisier, Laurier-cerise, Laurier du Portugal, Merisier, Pêcher, Prunier (Encarta, 2009).

- La sous-famille des **Rosoïdeae** : carpelles habituellement nombreux, uniovulés ; fruit akène (rarement drupe); sépales persistants ; feuilles composées (très rarement simples); stipules présentes. Prenons comme exemple : Agrimonia, Alchemilla, Dryas, Filipendula, Fragaria, Geum, Potentilla, Rosa, Rubus, Sanguisorba (Vogel, 1994 ; Ramaut et *al*., 2008).

- La sous-famille des **Spiraeoïdeae** : à fleur périgyne; ovaire supère ; carpelles de1 à 5 (voir 12) à ovules nombreux ; fruit déhiscent, de type follicule (rarement capsule); stipules présents ou non, tel que chez : Aruncus, Spiraea (Vogel, 1994 ; Ramaut et *al*., 2008). Leurs principales caractéristiques sont résumées dans le Tableau I. 2.

Tableau I. 2 : **Principaux caractères du gynécée et des fruits des Rosaceae**

Sous-Famille	Position de l'ovaire	Type de Fruit	nombre. de chromoso mes
Amygdaloideae	infère libre (ou supère), unicarpellé uniovulé	drupe	8
Maloideae	Infère adhérent, uni à penta carpellé syncarpe, uniovulé	drupe piriforme	17
Rosoideae	infère libre (ou supère) pluricarpellé, apocarpe, uniovulé	akènes	7
Spiraeoideae	infère libre (ou supère), uni à penta carpellé, apocarpe, pluriovulé	follicule	9

28

2.2 Description et caractères généraux

La famille des Rosaceae à répartition mondiale, compte 107 genres et 3370 espèces se présentant sous des formes très variées, arbres, arbustes ou encore plantes herbacées et ornementales dont le représentant le plus connu est le rosier.

Environ 70 genres de la famille des Rosaceae sont cultivés à des fins alimentaires (arbres fruitiers), comme plantes ornementales (l'aubépine, le cotonéaster, le pyracanta ou encore le sorbier) pour leurs fleurs ou pour leur bois, ou encore pour leurs propriétés médicinales (c'est le cas, par exemple, du rosier ou de l'aubépine).

Les feuilles de cette famille sont alternes rarement opposées et présentent généralement à leur base des stipules, elles sont souvent composées palmées ou pennées (encyclopédie Universalis, 2009).

Les fleurs solitaires ou inflorescences de type varié, sont hermaphrodites et actinomorphes (des disques plats radialement symétriques), l'inflorescence est une grappe, voire un corymbe (le poirier, dont les fleurs sont organisées selon un corymbe est particulièrement représentatif), souvent grand et ornemental. Espèces majoritairement entomogames, les fleurs sont généralement pentamères à cinq sépales, cinq pétales et de nombreuses étamines (tableau I. 2)

Les sépales, sont ordinairement au nombre de 5. On note souvent un calicule (ou épicalice), second cycle de 5 pièces (qui proviendraient de la fusion des stipules de sépales adjacents). Les pétales sont habituellement au nombre de 5.

Les étamines sont nombreuses (de 2 à n fois le nombre de pétales) et verticillées, à déhiscence longitudinale.

Hypanthium est une structure florale constitué de la partie basale des sépales, des pétales, et des étamines, plus ou moins allongé, libre de l'ovaire ou accolé à lui (Wikipédia, 2009).

L'ovaire est constitué d'un nombre très variable de carpelles (de un à plusieurs dizaines, parfois un seul (Prunoïdeae), libres ou diversement fusionnés. Il est le plus souvent périgyne, 2ovules par carpelle, anatropes.

a- Fleur du poirier   b- Fleur du Cerisier   c- Fleur du Rosier

(Annick Levain, 2010)   (flower blogzoom.fr, 2010)   (jardipedia.com, 2010)

Figure I. 2: **Exemple de fleurs de certaines espèces de Rosaceae**

Les fruits sont de divers types, soit une baie, une drupe ou un akène (sec ou charnu), le faux fruit du rosier est le cynorrhodon.

Les graines sont en général très peu albuminées voire exalbuminées (Wikipédia, 2009). On note dans l'évolution, l'augmentation du nombre des carpelles et une baisse du nombre d'ovules. Le gynophore (provenant de l'évolution et du développement du réceptacle floral) peut se développer pour devenir proéminent, comme chez la fraise.

Selon les espèces, les différents éléments floraux ne sont pas disposés de façon identique.

- Chez les fleurs hypogynes, les sépales forment le verticille inférieur, suivi successivement par les pétales, les étamines et le pistil.
- Chez les fleurs **périgynes**, une coupe florale entoure le gynécée, les autres parties de la fleur étant rattachées au bord de la coupe.

Dans certains cas, la coupe florale est le résultat de la fusion des parties basales des autres parties de la fleur ; dans d'autres cas, elle est le résultat d'une extension verticale du réceptacle.

- Chez les fleurs **épigynes**, la coupe florale est fusionnée au gynécée, et les autres parties de la fleur se trouvent au-dessus de l'ovaire, comme chez la fleur de pommier, par exemple.

En outre, l'ovaire, en fonction de sa position par rapport aux autres verticilles floraux, peut être infère (lorsqu'il se trouve en dessous des autres éléments), ou supère (s'il est placé au-dessus), l'ovaire infère est un caractère d'évolution des espèces (Wikipédia 2009).

Les fleurs de l'ordre, en général, sont hypogynes, c'est-à-dire que les diverses parties florales sont attachées en dessous de l'ovaire. Elles ont généralement deux fois plus d'étamines que de pétales ou de sépales et le style persiste souvent après que la fleur soit fanée et que le fruit ait commencé son développement (figure I. 3).

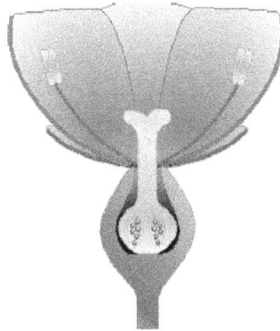

Figure I. 3: Section transversale de la fleur typique des Rosaceae

La plupart des variétés du poirier sont autostériles. Cependant, certaines peuvent montrer une auto-fructification due au développement parthénocarpique des fruits. La pollinisation croisée contribue éventuellement au développement du fruit. Par ailleurs et dans la majorité des cas, la pollinisation parait satisfaisante quand les variétés parentales fleurissent en même temps. Il est à signaler que l'incompatibilité croisée est également possible mais rarissime. L'autostérilité serait à l'origine des degrés élevés d'hétérozygotie chez le poirier. (Chevreau, 1992)

2.3 Distribution géographique

La famille des Rosaceae est particulièrement représentée sur tous les continents excepté en Antarctique, et surtout dans régions tempérées et subtropicales de l'hémisphère Nord avec un développement maximal dans les zones tempérées, mais la majorité des espèces se trouvent en Europe, Asie, et Amérique du Nord (Wikipédia, 2009). Cette famille comprend la plupart des principaux arbres fruitiers qui y sont cultivés: pommier, poirier, pêcher, prunier, cerisier, abricotier, amandier, néflier et cognassier, framboisier, ronce et fraisier.

Parmi les poiriers, dont la systématique reste complexe on peut citer, le poirier commun (*Pyrus communis*) qui est l'espèce la plus répandue en Méditerranée, mais elle se rencontre en général par individus isolés, en lisière des forêts et dans les haies (Quézel & Médail, 2003).

Proche sur le plan systématique du précédent, *Pyrus bourgaeana* se localise en péninsule ibérique, en particulier dans les ourlets des ripisylves.

En Méditerranée orientale, existent principalement *Pyrus amygdaliformis, P. elaegnifolia,* et *P. syriaca*. En bordure des plateaux anatoliens, *Pyrus elaeagnifolia* est par exemple associé à *Quercus pubescens* subsp. *anatolica* en situation bioclimatique semi-aride (Quézel & Médail, 2003)

Au Maroc, le poirier de la Mamora (*Pyrus mamorensis*), est présent dans les subéraies claires des plaines et des basses montagnes siliceuses en particulier de la Mamora où un groupement à poirier et chêne-liège se localise sur les sols sableux engorgés d'eau en hiver.

Outre le *Pyrus,* la forêt de la Mamora, est aussi parsemée par quelques Rosaceae, qui sont représentés chacun par une seule espèce par genre. On peut citer selon Aafi *et al.,* (2005) :

 Aphanes microcarpa (Boiss. & Reut.) Rothm., taxon rare

 Crataegus monogyna Jacq.

 Pyrus communis sub sp. *mamorensis* (Trab.) Maire, taxon endémique du Maroc

Rosa canina L.

Rubus ulmifolius Schott

Sanguisorba minor Scop.

D'autres poiriers souvent considérés comme endémiques du Maroc septentrional et d'Algérie orientale, ont été décrits : *Pyrus gharbiana,* poirier très xérophile qui se rencontre dans les forêts ouvertes des basses montagnes calcaires, et *Pyrus cossonii (ou P. longipes)* présent dans des ambiances un peu plus humides (Emberger, 1938), mais sur la base des données morphométriques les botanistes considèrent ces deux taxons comme synonymes de *Pyrus cordata.*

3. *Principaux genres* des Rosaceae
3. 1 Les genres Malus, Prunus et *Pyrus*

Bien qu'appartenant à des sous familles différentes, ces genres sont ici regroupés. Il s'agit pour la majorité d'arbres fruitiers, le cerisier et prunier (*Prunus*), le pommier (*Malus*) et le poirier (*Pyrus*), (encyclopédie Encarta, 2009).

Pyrus communis ou le poirier commun. C'est un arbre fruitier de la famille des Rosacées, dont le fruit, ou poire, est présent sur les marchés tout au long de l'année et dont le bois est utilisé en ébénisterie. Le poirier commun est originaire d'Europe. À l'état spontané, il peut atteindre 15 m de haut, il comprend une centaine d'espèces (voir annexe 12).

Le poirier est cultivé pour ses fruits dans les régions tempérées, dans les vergers privés et dans des champs pour la production commerciale. Le poirier cultivé est greffé sur cognassier ou sur poirier franc (sauvage). Les feuilles sont ovales et simples, et, contrairement à celles du pommier, lisses et brillantes. La floraison a lieu sur des branches de deux ans, parfois même sur celles d'un an. Les fleurs blanches, disposées en corymbe, présentent cinq sépales, cinq pétales, de nombreuses étamines et un pistil unique. Le fruit est charnu et plus juteux que la pomme (Wikipédia, 2010).

Le bois de poirier est recherché pour l'ébénisterie, la gravure et la sculpture. Il est très homogène, compact et peut acquérir un beau poli. Il est excellent pour le chauffage. L'écorce du poirier est réputée tonique et astringente et a été employée comme fébrifuge (Wikipédia, 2010).

Les variétés les plus courantes sont la guyot, la williams, la passe-crassane, la doyenné, la beurré-hardy, la conférence, la red bartlett, et la comice. La forme varie de celle d'une pomme à celle d'une goutte d'eau. Selon les variétés, la peau fine des poires prend des couleurs différentes, jaune pâle, vert, rouge et brun (figure I.4). De même, le parfum qui s'en dégage est variable. Les poires contiennent environ 16% de sucres, des vitamines B et C, de petites quantités de phosphore et d'iode. (Wikipédia, 2009).

Les maladies et les ennemis du poirier sont nombreux. Certaines maladies sont dues à des champignons (tavelures, monolioses), d'autres à des bactéries (feu bactérien), d'autres encore à des virus (la gravelle à qui l'on doit des poires pierreuses à titre d'exemple). Les principaux animaux ravageurs sont les psylles, le carpocapse et le pou du poirier.

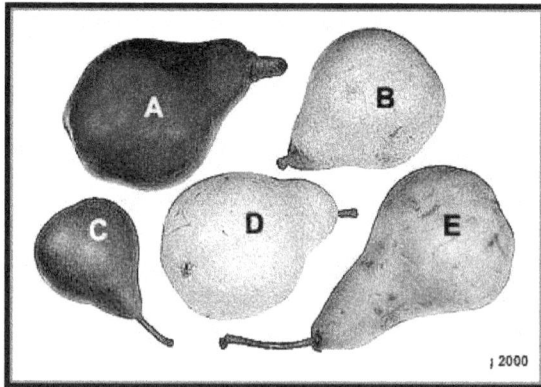

Figure I. 4 : Différentes variétés de *Pyrus communis*: A : Red Bartlett, B : Comice, C : Seckel, D : Bartlett, et E : Bosc.

Malus domestica ou le pommier, est un arbre fruitier vivace des régions tempérées froides. Son fruit, appelé pomme, se développe à partir du réceptacle floral et se distingue par sa chair ferme et juteuse, douce ou acidulée. Les feuilles des pommiers sont de formes ovales, aplaties aux extrémités et quelque peu ligneuses le dessous. Les boutons floraux s'épanouissent en fleurs arrondies blanches pures ou striées de rose ou encore rose pâle. Quelques variétés donnent des fleurs rouge vif. Le bois, au grain fin et serré, est dur et robuste (encyclopédie Encarta, 2009).

La couleur, la forme et la taille des pommes diffèrent selon les variétés. Les coloris varient du vert-jaune, vert lavé de rouge ou vert bronzé au rouge carminé, rouge orangé en passant par le jaune. La forme est arrondie ou oblongue et la taille varie de celle d'une cerise à celle d'un petit pamplemousse (Wikipédia, 2009).

Prunus armeniaca ou abricotier c'est un arbre fruitier du genre du prunier, originaire de l'Est de l'Asie et dont le fruit s'appelle l'abricot. L'arbre est de petite taille (de 4 à 6 m) et ses feuilles en forme de cœur, ont de longs pétioles. Les fleurs, blanches ou roses, isolées, apparaissent avant les feuilles. Les abricotiers sont auto fertiles. Le fruit est arrondi, à peau duveteuse orange, parfois rouge d'un côté, et sa chair est jaune orangée. On en connaît de nombreuses variétés. Parmi les principales variétés commerciales, on peut citer Rouge du Roussillon, qui fournit d'excellents fruits de table à la fin juin et résiste assez bien au gel, Polonais ou orangé de Provence, dont les fruits assez gros, récoltés en juillet, sont plutôt utilisés pour les conserves, Carino, qui donne à la mi-juin des fruits de qualité assez moyenne, Bergeron, dont les fruits récoltés fin juillet-début août sont très appréciés pour les conserves, et Hâtif Colomer, dont les fruits récoltés en juin ont un goût médiocre mais supportent bien le transport. Les variétés Royal, à grand noyau oblong jaune-rouge n'adhérant pas au fruit et mûrissant tôt dans la saison, Pêche de Nancy, Sucré de Holub, Ampuis et Paviot sont cultivées surtout dans les jardins familiaux jusque dans la région parisienne, qui est la limite nord de la culture de l'abricotier. L'abricot est apprécié pour sa saveur délicate. Il est vendu frais ou séché et mis en conserve, sous forme de fruits au sirop, de confitures ou de nectar (encyclopédie Encarta, 2009).

Les premiers producteurs mondiaux d'abricots sont la Turquie, l'Espagne et l'ex-URSS, (Encarta, 2009). On trouve aussi dans ce genre : les amandes (*Prunus dulcis*), les cerises (*Prunus avium*), les pêches (*Prunus persica*), les prunes (*Prunus domestica*) (encyclopédie Encarta, 2009).

4. Production des Rosaceae au Maroc

Le patrimoine national de Rosaceae fruitières s'est enrichi par des introductions progressives d'espèces et/ou de variétés nouvelles. Un ensemble de conditions favorables a stimulé la création de vergers grâce à une amélioration des conditions de cultures dans les zones traditionnelles et l'introduction de variétés plus performantes et mieux adaptées, de portes greffes appropriés et de modes de conduite plus élaborés.

Le secteur des Rosaceae fruitières est caractérisé par la culture d'une gamme diversifiée d'espèces, et représenté par deux groupes: les Rosaceae à pépins (Pommier, Poirier, Cognassier) et les Rosaceae à noyau (Amandier, Abricotier, Prunier, Pêcher, Cerisier).

Par le nombre élevé d'espèces qui le composent, ce secteur concerne plusieurs zones de production avec cependant des pôles de concentration comme le Moyen Atlas, le Rif Occidental, le Pré- Rif, le Saïss, le Haouz et la Moulouya. Les zones de basses altitudes, notamment le Gharb et le Souss ont connu l'introduction et la diffusion de variétés précoces. A noter que les régions du Haouz, Khénifra, El Hajeb, Ifrane et Sefrou représentent à elles seules plus de 56% du total de la superficie occupée par les Rosaceae.

Les Rosaceae fruitières jouent un rôle agronomique et socio- économique important par la procuration de plus de 18 Millions de jours de travail par an, mais aussi par sa contribution à l'autosuffisance en matière de fruits frais et transformés au développement du secteur agro-industriel, à la valorisation et la mise en valeur des zones de montagnes et de régions à microclimat, à la conservation des sols et à la lutte contre l'érosion et au transfert de technologie.

La production moyenne annuelle (en tonnes) des Rosaceae à pépins au Maroc est assez importante, elle est estimée pour les pommes à 345.000 t, les poires 41.000 t, et les coings 31000 t. (Mahhou, 2009). Concernant les Rosaceae à noyau, la production moyenne annuelle (en tonnes) des Pêches- nectarines est de 58.000 t (24%), des Prunes 57.000 t (24%), des Cerises 5000 t (2%), des Nèfles 6000 t (2%), des Abricots 100.000 t (42%) et des Amandes 15.000 t (6%). (Mahhou, 2009 ; Walali & Skiredj, 2003).

Le poirier contrairement à l'essor réservé à la culture du pommier, n'a connu qu'un développement limité. La superficie oscille autour de 3500 hectares pour une production de 40000 tonnes, soit 1,3 kg de consommation par habitant et par an.

L'amandier, d'une superficie estimée à 143000 ha, se prête à la culture en bour favorable et, du fait de sa bonne rusticité, s'adapte à différentes conditions pédoclimatiques (sols pauvres, sécheresse, etc…). (Mahhou, 2009)

Le cognassier occupe une superficie de l'ordre de 3400 hectares génératrice d'une production de l'ordre de 30000 tonnes. Elle concerne différentes régions du royaume (Berkane, Meknès, Khénifra, Gharb, Béni-Mellal, Marrakech-Haouz...).

Le cerisier, de part ses exigences climatiques (besoin en froid élevé, résistance à la rigueur des froids de l'hiver), a été toujours considéré comme «l'arbre de haute altitude».

Le pêcher, c'est une espèce qui regroupe en réalité les pêches, les nectarines, les brugnons et les pavies. La production nationale est basée sur plusieurs variétés introduites de plusieurs pays producteurs de cette espèce. Les superficies sont estimées à 4285 ha, avec une production de 55000 t. Les principales zones de production sont Meknès, Saïs, Moyen Atlas et Béni Mellal (Mamouni, 2006).

Le pommier occupe la plus grande superficie 29000 ha, avec 1000 ha nouvellement créés et une production de 345000 tonnes (Walali & Skiredj, 2003), certains producteurs se sont organisés pour l'intégration de la production aux circuits rémunérateurs de la conservation et commercialisation pour une meilleure maîtrise des charges et une optimisation de la rentabilité.

III. Matériel et méthodes
1. Matériel végétal et collecte
1.1 Etude morphologique

Les échantillons de *P. mamorensis* proviennent de la forêt de la Mamora, qui est comprise entre les longitudes 6°00'et 6°45' Ouest et les latitudes 34°00' et 34°20' Nord, soit la région de Sale-Kenitra-Tiflet (voir carte en annexe 1). Exactement au niveau du canton A selon les autorités locales (Eaux et forêts), région de Kénitra (à 40 km au Nord de Rabat). Ils ont été récoltés durant la période de mars à mai 2002-2005, sur quelques arbres à cause de la rareté des pieds.

Différents organes ont été collectés à différents stades végétatifs : feuilles, fleurs, fruits et rameaux. L'étude morphologique de *P. mamorensis* est effectuée par simples observations des différents organes de l'espèce soit à l'œil nu soit à l'aide d'une loupe binoculaire.

1.2. Etude histologique et anatomique
1.2.1 Techniques et Matériel végétal

Pour pouvoir étudier la structure des organes végétaux, il est nécessaire d'effectuer des coupes histologiques minces et parfaitement orientées, et de pratiquer différentes colorations.

Le matériel végétal est récolté au hasard en prenant quelques feuilles, tiges et fruit de quelques arbres différents. Les échantillons sont lavés avec de l'eau de robinet pour les débarrasser des poussières, puis fixés au F.A.A✳ (Cobut et *al*., 1979), les organes à étudier étant souvent trop petits, on place alors l'objet entre deux morceaux de polystyrène, saisissant le rasoir horizontalement, on sectionne la partie supérieure de l'objet (tige, feuille) afin d'obtenir une surface unie bien perpendiculaire (Deysson, 1982). Les coupes anatomiques sont effectuées à main levée puis colorées au carmino-vert de Mirande (Deysson, 1982). Elles ont concerné la tige, le pétiole et la feuille. Celles-ci comprennent les différentes étapes suivantes :

- Traitement par une solution diluée d'hypochlorite de sodium commercial pendant 15 à 20 min ;
- Lavage soigné des coupes dans deux bains d'eau successifs puis dans un troisième bain d'eau additionnée de quelques gouttes d'acide acétique 1% pendant trois minutes (pour faciliter la fixation ultérieure des colorants sur les membranes);
- Traitement par le réactif, carmino-vert de Mirande pendant 10 min ;
- Lavage rapide à l'eau pour élimination de l'excès du réactif ;
- Montage dans quelques gouttes de glycérine entre lame et lamelle. Les observations sont alors faites par microscopie photonique (aux grossissements adéquats).
- Conservation par soudure de la lamelle avec du vernis incolore, et placement à l'obscurité.

_____

✳ *Voir composition chimique en annexes2*

IV. Résultats

1. Approche Floristique

1.1. Espèce *Pyrus*

Pyrus est le nom botanique pour un groupe populaire d'arbres à feuilles caduques et d'arbustes considérablement évaluées pour leur beauté et leurs fruits connus comme poires.

C'est un arbre fruitier de la famille des roses, dont le fruit, ou poire, est présent sur les marchés tout au long de l'année et dont le bois est utilisé en ébénisterie. Le poirier commun est originaire d'Europe à l'état spontané, il peut atteindre 15 m de haut (Encarta, 2009).

Le poirier est cultivé pour ses fruits dans les régions tempérées, dans les vergers privés et dans des champs pour la production commerciale.

1.2. Description botanique de *Pyrus mamorensis*

La forêt de la Mamora, la plus vaste du Maroc, est une association de *Quercus suber* L. (Chêne-liège) *et Pyrus mamorensis* (Trab) Maire (figure I.5), mais ce dernier n'est jamais en peuplement, et on ne le rencontre que par pied dispersé ou par bouquets, exceptionnellement, sur des sols sablonneux peu profonds ou même directement sur formation rouge, ces deux arbres y atteignent de fort belles dimensions. Le sous-bois est composé de Cytises à feuilles de lin (*Teline linifolia*) dans la partie occidentale de la forêt et par le grand Halimium (*Halimium halimifolium*) (Aafi, 2005).

Depuis les années soixante, aucune étude n'a été consacrée à ce taxon, à part quelques données botaniques (Metro et Sauvage, 1955). Aussi, nous abordons une nouvelle description de l'espèce *Pyrus mamorensis* pour une réactualisation de ses informations.

Figure I. 5: Vue générale de *Pyrus mamorensis* en floraison

1.3. Caractères généraux

Le poirier de la Mamora, est un arbre vivace pouvant atteindre 7 à 10 mètres de haut à tronc tortueux (figure I.5), à branches et rameaux robustes et souvent intriqués, certains rameaux courts sont terminés en épines vulnérants.

L'écorce grise brune sombre ou rhytidome, est constituée d'une multitude de petites écailles imbriquées les unes aux autres, elle est profondément et irrégulièrement crevassée longitudinalement et transversalement. C'est la partie morte de l'écorce qui se détache du tronc de l'arbre (figure I.6).

Les drageons : on trouve à proximité de l'arbre des rejets sous forme de bouquets avec une racine principale oblique, d'où se détachent des racines secondaires de couleurs brun clair, c'est une plante morphologiquement, identique au

41

pied mère, qui se développe non pas à partir d'une graine, mais par développement d'un méristème racinaire (figure I.7 et I.8).

Les feuilles : elles sont groupés en bouquets à l'extrémité de rameaux courts (figure I.9 a et b), alternes très polymorphes, tantôt ovales, tantôt en cœur, tantôt même lancéolées, finement dentées sur les marges, avec une nervation pennée à pétiole bien développé égalant ou dépassant la taille du limbe. Les jeunes feuilles sont caduques, alternes, simples, entières, plus de deux fois plus longues que larges, de 5 à 8 cm de long, épaisses, vertes luisantes sur la face supérieure, plus claires et poilues sur la face inférieure.

Les fleurs : sont blanches, bisexuées, disposées et groupées en cymes corymbiformes, (figure I.10 a, b). Le réceptacle floral est très apparent est creusé en une coupe profonde renfermant les 5 carpelles (polydrupe) et portant sur ses bords 5 sépales, 5 pétales libres d'un beau blanc, non jointifs, à ovaire infère et de nombreuses étamines à anthères pourpre. Le réceptacle devient charnu et se soude intimement avec 3 carpelles, l'ensemble constitue la poire ou faux fruit. La floraison a lieu à partir du mois de décembre jusqu'au mois de mai.

Les bourgeons : glabres et écailleux, généralement fusiformes (figure I.12)

Le pétiole : aussi long que les feuilles, grêle non aplati et dépassant souvent la longueur du limbe.

Le fruit : la poire ou faux fruit est mûre à la fin d'automne, sa couleur est verte, elle est subglobuleuse de 2 cm de diamètre, ou un peu allongée (pyriforme), à endocarpe cartilagineux, au calice persistant, de 2 à 5 loges chacune renfermant 2 à 3 gros pépins (figure I.11), la chair est pierreuse et le plus souvent âpre au goût. Le faux fruit a un pédoncule bien développé. Ce fruit est non comestible (figure I.13).

Figure I. 6: Rhytidome d'un arbre adulte de *Pyrus mamorensis* constituée de petites écailles imbriquées

Figure I. 7: Jeunes pousses de *Pyrus mamorensis,* au voisinage d'un arbre adulte

Figure I. 8 : Drageons de *P. mamorensis* prenant naissance sur des prolongements des racines d'un arbre adulte

Figure I. 9 a: Feuilles de *Pyrus mamorensis* (Vue générale)

Figure I. 9 b :

Feuilles vertes luisantes sur la face supérieure, plus claires sur la face inférieure

Figure I. 10a :

Disposition des fleurs sur un rameau

Figure I. 10 b : **Fleurs de *Pyrus mamorensis* groupées en cymes corymbiformes**

1 mm

Figure I. 11 : Graines de *Pyrus mamorensis*

Figure I. 12: Bourgeon fusiforme

Figure I. 13 : Fruits globuleux

NB : les photos ci-dessus sont personnelles : soit de *P. mamorensis* mise en culture au Laboratoire de biotechnologies végétales (Faculté des sciences), soit des photos prises *in natura* sur le site.

45

Biologie : c'est une plante autotrophe, exigeant pour sa croissance des sols sableux non calcaires. Dans des conditions favorables de pluies, on observe de nombreuses pousses sur le terrain.

Écologie et aire de répartition: cette une espèce vivace, subspontanée. On rencontre quelques pieds de *Pyrus mamorensis* sur le Gharb septentrional et les environs de Rabat jusqu'au Boulhaut et Sibara et même el Harcha (Metro et Sauvage, 1955). On la trouve souvent dans les subéraies de chêne-liège : la Mamora, qui relève de l'étage thermoméditerranéen, entre le niveau de la mer et 300 m, les bioclimats qui y règnent sont le subhumide et le semi-aride à variantes tempérée à chaude (Aafi, 2006) ou sur l'emplacement des subéraies disparues.

2. Structure anatomique de la feuille

La section transversale de la feuille de l'année présente une forme plus étroite à l'extrémité et presque ovale au centre (figure I.14), l'épiderme (a) est formé d'une assise de cellules de petite taille plus larges que hautes aplaties dans le sens perpendiculaire à la surface de la feuille : elles sont tabulaires, d'une couleur sombre, sur les deux faces de l'organe. Chaque lamelle est pluricellulaires, et les cellules qui entrent dans sa constitution s'agencent entre elles de façon à ne laisser aucun vide, Cet épiderme se plisse en quelques endroits. La feuille est glabre.

Le collenchyme (b), qui est présent sous l'épiderme, est sous forme de cellules allongées et étroitement accolées les unes aux autres et a tendance à se différencier en une couche de parenchyme (c) tissu souvent le plus abondant, et constitué de cellules de forme globulaire. Le parenchyme, présente des spécialisations en relation avec sa position, puis plus profondément on trouve le sclérenchyme (d), ce dernier existe aussi sur les deux faces de la feuille. C'est l'ensemble des cellules mortes à paroi épaisse, imprégnées de lignine.

Ces tissus assurent le soutien de la plante. On les trouve donc essentiellement dans les parties aériennes comme la tige et la feuille.

La nervure médiane présente un faisceau cribro-vasculaire important (e- f- g).

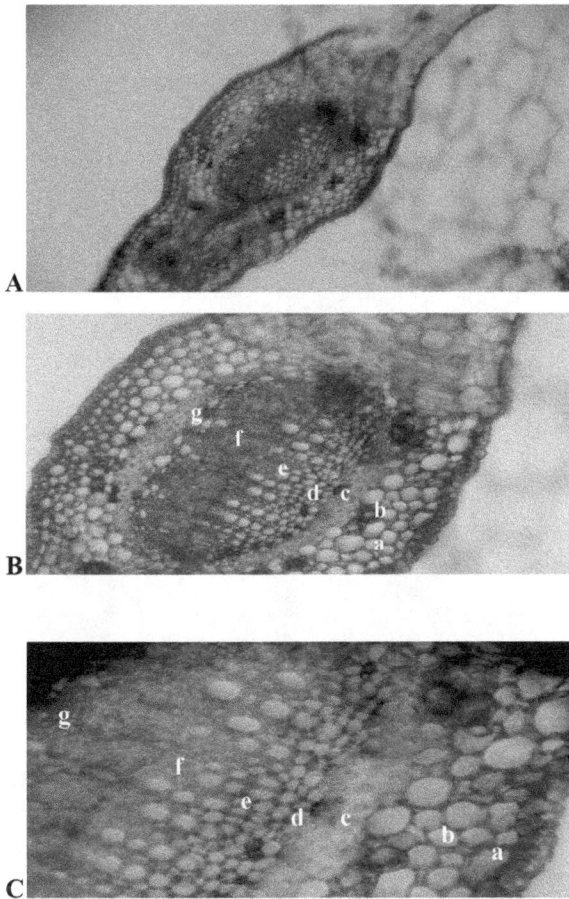

Figure I. 14: Coupe transversale au niveau de la nervure médiane de la feuille de l'année de *Pyrus mamorensis* (A : Gx100 ; B : Gx200 ; C : Gx400)

a : Epiderme supérieur   e : xylème I ^{aire}

b : collenchyme   f : bois

c : Parenchyme   g : Phloème II ^{aire} (liber)

d : sclérenchyme

3. Structure anatomique du pétiole

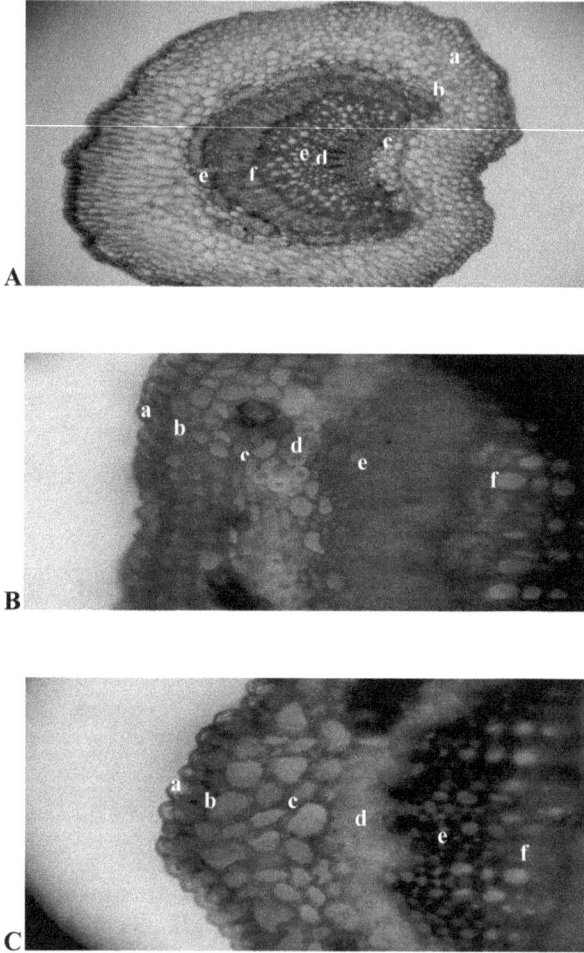

<u>**Figure I. 15**</u>: **Coupe transversale du pétiole de l'année de *Pyrus mamorensis* (A : Gx100 ; B : Gx200 ; C : Gx400)**

a : Epiderme supérieur	d : sclérenchyme
b : collenchyme	e : Phloème II aire (liber)
c : Parenchyme	f : Xylème II aire (bois)

4. Structure anatomique de la tige

La section effectuée au niveau supérieur de la tige présente une forme légèrement cylindrique (figure I.16). On observe la présence d'une cuticule épaisse recouvrant l'épiderme formé d'une couche de cellules de grande taille alignées côte à côte, on peut remarquer aussi des stomates. Sous l'épiderme (a), on trouve le collenchyme (b), le parenchyme cortical sous forme de cellules plus grandes et moins bien organisées ; et le sclérenchyme exactement c'est la structure d'une tige à structure secondaire. Chez les tiges âgées on remarque la disparition de l'épiderme et l'apparition du suber avec des lenticelles.

La limite entre le cortex et le cylindre central est délimitée par les faisceaux cribro-vasculaires ou libéro-ligneux (e,f) regroupant le phloème primaire et le xylème primaire séparés par le cambium (couche de cellules non différenciées ou embryonnaires). Chaque faisceau cribro-vasculaire est constitué par le xylème qui conduit la sève brute (eaux et éléments minéraux en provenance des racines) est situé sur la face intérieure du faisceau, la plus proche de l'axe de la tige, et le phloème qui conduit la sève élaborée. Ce phloème primaire et xylème, chez la tige de *P. mamorensis,* sont disposés sur le même cercle comme chez toutes les Dicotylédones. On remarque aussi qu'il y a des cristaux d'oxalate de calcium sous forme d'amas sphérique (h) (figure I. 16 A). Au centre de la tige, on trouve la zone médullaire qui contient le parenchyme (g).

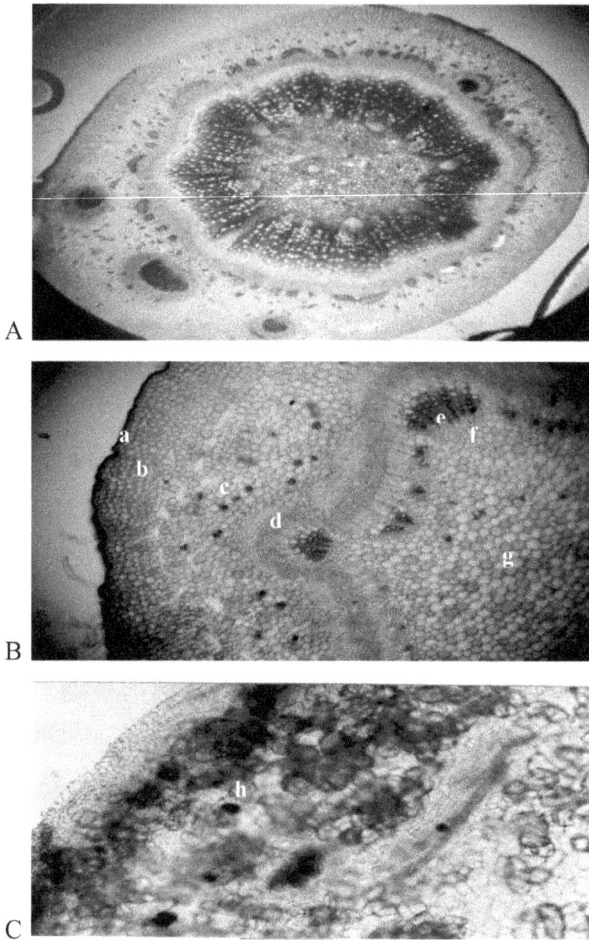

Figure I. 16: Coupe transversale de la tige de *Pyrus mamorensis* (structure secondaire) (A : Gx100 ; B : Gx200 ; C : Gx400)

a : Epiderme   e : Phloème I [aire]

b : Collenchyme   f : Xylème I [aire]

c : Parenchyme cortical   g : Parenchyme médullaire

d : Sclérenchyme   h: Cristaux d'oxalate de
                            calcium

V. Conclusion

La synthèse bibliographique effectuée au début de ce travail, a permis de décrire quelques principaux genres et espèces de la famille des Rosaceae, qui appartient à la sous-classe des Rosideae, au super Ordre des Eurosides I, et à l'ordre des Rosales, selon APGII, et a montré que *Pyrus mamorensis* est une sous espèce de *Pyrus communis,* appartenant à la sous famille des Maloideae.

On a cité aussi quelques Rosaceae existant au Maroc, la majorité d'entre elles sont ornementales et rares comme le genre *Potentiella,* et *Rubus.* Les Rosaceae fruitières sont caractérisées par une diversité d'espèces représentées par deux groupes : les Rosaceae à noyau et les Rosaceae à pépins, ces dernières ont une production annuelle très importante sur le plan économique.

Des questions simples posées à des herboristes sur *P. mamorensis* ont montré que cette espèce est mal connue par rapport à sa cousine *Pyrus communis*, qui selon la bibliographie est reconnue sur le plan médicinal pour son astringence et son effet purgatif. Cette espèce endémique du Maroc, se rencontre surtout dans les subéraies de la Mamora, dispersée par pieds isolés et jamais en peuplements.

Les résultats de l'approche floristique de *P. mamorensis*, viennent compléter ceux de Metro et Sauvage (1955). Dans notre travail, nous avons apporté quelques détails de plus tels que : la période de floraison, le type de bourgeons, de l'écorce, et l'étude histologique des feuilles, du pétiole, et de la tige. Les coupes anatomiques présentent une structure typique de Dicotylédones et de la famille des Rosaceae.

On peut conclure que le poirier sauvage de la Mamora, comme d'autres arbres fruitiers, participe à l'équilibre écologique dans son aire de répartition par sa présence en tant que taxon en interaction avec son environnement biotique et abiotique et par le fait que cette espèce offre une source de nourriture pour de nombreux animaux à travers ses fruits et son feuillage. Le bois de ces plantes est parmi les meilleurs et il est souvent très recherché par les ébénistes, il est de plus en plus difficile à en trouver. Les pommiers, poiriers, pruniers sauvages sont de bons pollinisateurs des variétés cultivées. En effet, ils constituent un réservoir génétique irremplaçable pour la sélection de variétés fruitières plus gustatives, plus originales ou plus résistantes aux maladies ainsi que pour la sélection de porte-greffes.

Il est donc opportun d'accorder plus de place à cette espèce méconnue et menacée, pour ne pas la perdre en tant que patrimoine végétal naturel.

Dans cette optique et pour contribuer à la valorisation de cette espèce endémique de la forêt de la Mamora, une étude phytochimique a été réalisée pour la première fois, afin de déterminer ses différentes classes de composés chimiques à travers un screening phytochimique combinant différents tests. Les expériences réalisées ainsi que les résultats aboutis seront abordés dans le deuxième chapitre.

DEUXIEME CHAPITRE

ETUDE PHYTOCHIMIQUE

DE

Pyrus mamorensis

I. Introduction

Les substances naturelles issues des végétaux ont des intérêts multiples en industrie, en alimentation, en cosmétologie et en dermopharmacie. Ceci est notamment le cas des polyphénols végétaux qui sont largement utilisés en thérapeutique comme vasculo-protecteurs, anti-inflammatoires, inhibiteurs enzymatiques.

Par ailleurs, l'organisation mondiale de santé (OMS, 2002-2005) encourage l'étude des savoir-faire traditionnels dans le domaine des substances naturelles, et particulièrement les plantes médicinales dont la connaissance scientifique permettra de codifier l'utilisation et peut-être de découvrir de nouveaux médicaments.

Parmi ces composés, on retrouve dans une grande mesure les flavonoïdes qui sont présents chez toutes les plantes vasculaires ; ils se sont surtout illustrés en thérapeutique comme anticarcinogènes, anti-inflammatoires, antitumoraux, et antioxydants (Bahorun, 1995, Heller. et Forkmann, 1993, Ribéreau-Gayon, 1968).

En vue de contribuer à la valorisation de *Pyrus mamorensis* en tant que plante endémique et menacée de la forêt de la Mamora d'une part, en tant qu'espèce pouvant présenter un potentiel médicinal d'autres part nous avons réalisé une étude phytochimique pour la première fois chez cette espèce. Il est à signaler, qu'à l'exception de quelques données botaniques, cette plante est encore mal connue. Nous nous proposons dans ce chapitre, d'effectuer un screening phytochimique des extraits de ses différents organes.

C'est à notre connaissance la première fois qu'une telle étude est réalisée sur cette espèce (manque quasi-totale de données phytochimiques sur l'espèce) puisque *Pyrus mamorensis* semble n'avoir jamais été étudiée sur le plan phytochimique contrairement à d'autres espèces de la famille des Rosaceae.

II. Synthèse bibliographique

1. Historique

Dès son apparition, il y a 3 millions d'années seulement, *Homo sapiens* a utilisé les plantes à d'autres fins que nutritionnelles. Que la plante soit comestible ou toxique, qu'elle serve à tuer le gibier et l'ennemi ou à soigner, l'Homme a découvert par une suite d'échecs et de réussite, l'utilisation des plantes pour son mieux-être. Cependant, les vertus bénéfiques des plantes n'ont été découvertes que par une approche progressive, facilitée par l'organisation des rapports sociaux, en particulier à partir du néolithique (8000 ans av. J.C.) avec l'essor de l'agriculture et la sédentarisation.

Quatre mille ans avant J.C., les populations babyloniennes et sumériennes utilisaient les plantes pour se soigner. Plus de 800 remèdes sont décrits par les Egyptiens, mais la médecine était alors fortement mêlée de pratiques magiques. Certaines plantes sont toujours utilisées aujourd'hui comme sédatifs (pavot, jusquiame), purgatifs (séné), etc. Dans les remèdes à base de plantes figuraient aussi divers ingrédients : sang, os, graisses animales, et des minéraux comme l'ocre. (Fouché et *al.*, 2000).

Les grands médecins grecs, dont le plus célèbre est Hippocrate (5e siècle av. J.C.), utilisaient couramment les anesthésiques, les laxatifs ou des émétiques (vomitifs). Hippocrate jeta les bases de la médecine scientifique, cherchant aux maladies une explication rationnelle et non plus magique.

A l'apogée de l'empire arabe, tous les documents écrits furent réunis à Bagdad dans la plus grande bibliothèque de l'époque entre le 7e et 9e siècle (Fouché et *al.*, 2000).

C'est au 9e siècle seulement, qu'une équipe de traducteurs révisa les documents grecs pour en produire des versions plus précises en arabe. Les Arabes avaient aussi leurs spécialistes en médecine et en pharmacie : Abu Bakr al-Razi ou Rhazès (865-925), persan d'origine, fut l'un des grand médecins de son temps et aussi le précurseur de la psychothérapie. Il fut suivi par Ibn Sina ou Avicenne (980-1037) qui écrivit à Téhéran une œuvre qui s'intitule : « _Canon de la médecine_ ». Il reprit et compila les doctrines d'Hippocrate et de Galien. Ce livre servira de base à l'enseignement de la médecine dans les universités de Louvain et de Montpellier jusqu'aux environs de 1650.

Mais le plus grand d'entre eux fut sans aucun doute Ibn al Baytar (1197-1248). Né à Malaga, ce savant émigra en Orient où il rédigea le très complet « _Somme des Simples_ »: ce livre contenait une liste de 1400 préparations et plantes médicinales dont un millier étaient connues des auteurs grecs.

Ce sont les Arabes qui donnèrent à la pharmacie son caractère scientifique. Les traditions pharmaceutiques arabes passèrent en Europe et influencèrent profondément les grandes universités de l'époque du 9e siècle. (Fouché et _al._, 2000)

Le 19e siècle est considéré comme le grand siècle de l'essor de la médecine et de la pharmacie. De nombreux principes actifs sont isolés des végétaux tels que les alcaloïdes : morphine (1805), strychnine et quinine (1818 et 1820), codéine, cocaïne, colchicine, etc., et des hétérosides : digitaline (1868), ouabaïne…etc (Fouché et _al.,_ 2000)

De nos jours, entre 20 000 et 25 000 plantes sont utilisées dans la pharmacopée humaine. 75% des médicaments ont une origine végétale et 25% d'entre eux contiennent au moins une plante ou une molécule active d'origine végétale. On assiste chaque année à la naissance de nouveaux médicaments.

On peut déduire que les plantes ont constitué la source majeure de médicaments grâce à la richesse de ce qu'on appelle le **métabolisme secondaire** (figure II.1). Celui-ci produit des molécules variées permettant aux plantes de contrôler leur environnement animal et végétal. Ce métabolisme secondaire est une exclusivité du monde végétal. Ces substances ne paraissent pas essentielles à la vie de la plante et on les appelle les métabolites secondaires, ces derniers sont produits en très faible quantité. Il existe plus de 200 000 métabolites secondaires classés selon leur appartenance chimique : lipides saturés et insaturés, cires et cutines, phytoalexines, acides aminés, composés phénoliques, flavonoïdes, quinones, tannins, lignines, terpènes, saponines, alcaloïdes, glycosides cyanogéniques… etc.

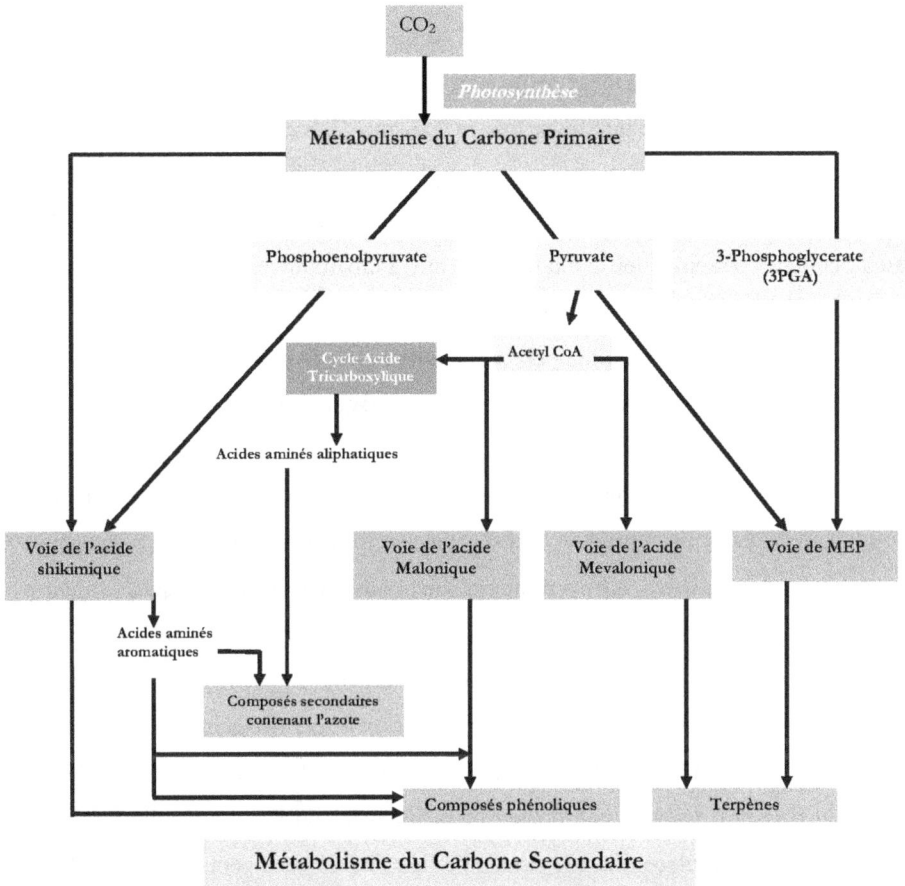

Figure II. 1: Vue simplifiée des principales voies de synthèse des métabolites secondaires (Lichtenthaler, 1999)

2. Définition

Tous les organismes vivants possèdent des stratégies pour se protéger des prédateurs. Les caméléons se confondent avec leur environnement, les araignées sécrètent un venin et les couleurs flamboyantes de certaines grenouilles tropicales préviennent les prédateurs qu'elles ont un très mauvais goût. D'autres animaux fuient le danger par le vol ou la course. Malgré leur immobilité, les végétaux arrivent eux aussi à se débarrasser de leurs assaillants végétariens.

Les plantes disposent d'une arme à double tranchant. D'une part, elles possèdent un système de défense permanent, qu'on dit « constitutif » car il ne dépend pas des conditions dans lesquelles se trouve la plante. Grâce à leur résine visqueuse et collante, les conifères peuvent par exemple, immobiliser des insectes guidés aveuglément par leur appétit. Les épines de la rose, les poils urticants de l'ortie et le latex blanc des pissenlits les défendent face aux animaux herbivores. Depuis peu, on sait que les végétaux bénéficient, d'autre part, d'une deuxième barrière de défense, semblable au système immunitaire chez l'humain : c'est le système de défense induit. Il a la particularité de se manifester uniquement lorsque la plante est stressée par un élément de son environnement.

Par exemple, lorsqu'une nuée d'insectes herbivores commencent à s'attaquer à un arbre, celui-ci se met à produire des substances chimiques. On appelle ces produits « composés secondaires », car ils n'interviennent pas dans les mécanismes primaires tels que la photosynthèse ou la respiration. Ils ne serviraient, croit-on qu'à protéger la plante contre les stress de l'environnement. Certains empêchent la digestion et l'assimilation des protéines, d'autres dégagent des vapeurs toxiques, d'autres encore sont tous simplement infects au goût. (Ribéreau-Gayon, 1968 ; Beart et *al.,* 1985)

La production des composés se déclenche au moment où l'insecte commence à se nourrir. La mise en place de cette deuxième ligne de défense peut prendre quelques heures voire quelques jours. Pourtant, la plante a tout intérêt de ne pas fabriquer ces composés à l'avance : il est bien plus efficace pour elle de consacrer toute son énergie à croître et à se reproduire.

Les métabolites secondaires ont des rôles très importants, ils sont impliqués étroitement dans les stratégies suivantes:

- Pour dissuader les prédateurs :

* Les odeurs repoussent les herbivores (repellent) tel que chez les Pélargoniums.

* Les plantes toxiques "éduquent" les herbivores à les éviter pour ne pas être broutées.

- Pour attirer les pollinisateurs : les couleurs, mais aussi les odeurs attirent les insectes. Par exemple, certaines Orchidées synthétisent des phéromones sexuelles qui sont des substances volatiles émises par les insectes femelles pour attirer les mâles.

- Pour décourager la compétition vis-à-vis d'autres espèces : c'est *l'allélopathie*. Certaines plantes émettent des substances pour inhiber la croissance des autres plantes : c'est le cas du Noyer qui produit de la *juglone* qui inhibe la croissance des autres plantes dans un rayon de 8 m autour du tronc. (Fouché *et al.,* 2000).

Ces métabolites secondaires font l'objet de nombreuses recherches basées sur les cultures *in vivo* et *in vitro* de tissus végétaux. Ceci est notamment le cas des polyphénols végétaux qui sont largement utilisés en thérapeutique comme vasculoprotecteurs, anti-inflammatoires, inhibiteurs enzymatiques, antioxydants et antiradicaires, en particulier les flavonoïdes et les proanthocyanidines.

L'intégration du métabolisme phénolique dans le programme général de développement d'un organe végétal pose en elle-même la question d'un rôle éventuel de ces substances. Des travaux plus anciens (Nitsch et Nitsch 1961; Alibert et *al.,* 1977) ont montré que les phénols seraient associés à de nombreux processus physiologiques : croissance cellulaire, différenciation organogène, dormance des bourgeons, floraison, tubérisation. Les polyphénols interviennent dans la qualité alimentaire des fruits. Les anthocyanes et certains flavonoïdes participent à la coloration des fruits mûrs. Les composés phénoliques déterminent également la saveur des fruits : les tanins sont à l'origine de la sensation d'astringence des fruits non mûrs, les flavanones sont responsables de l'amertume des Citrus et peuvent donner naissance, par transformation chimique, à des dihydrochalcones à saveur sucrée (Dubois et *al.,* 1977).

Pour évaluer le rôle joué par les polyphénols dans la protection antioxydante, il est nécessaire de comparer les concentrations des différents antioxydants dans les tissus. Les teneurs en vitamine C (20 à 60 mM), en vitamine E (10 à 30 mM), en caroténoïdes (1 à 3 mM) sont souvent plus élevées que celles en polyphénols (dont la teneur totale n'est pas connue mais pourrait être comprise entre 0,5 et 5 mM). Il n'existe pas de stockage des polyphénols, à la différence des antioxydants apolaires (vitamine E et caroténoïdes) qui s'accumulent dans les tissus adipeux. Il n'existe pas non plus pour les polyphénols de mécanismes homéostatiques qui maintiennent un taux circulant plus ou moins constant comme c'est le cas pour les vitamines. Il faudra tenir compte de l'ensemble de ces paramètres pour évaluer les concentrations relatives des divers antioxydants dans le maintien de la santé. Les polyphénols pourraient aussi agir par d'autres mécanismes médiés au niveau cellulaire. Un certain nombre d'effets biologiques, de plus en plus largement documentés, n'est pas directement lié à leur capacité à limiter le stress oxydant par le piégeage de radicaux libres. Les mécanismes moléculaires à l'origine des effets biologiques impliqués dans la détoxification de carcinogènes (Wasserman et Fahl, 1997) commencent à être mieux compris. Les mécanismes à l'origine des effets anti-inflammatoires de polyphénols commencent aussi à être bien documentés (Yang, 1998). Une meilleure connaissance des quantités de polyphénols consommés, de leur biodisponibilité et de l'étiologie des maladies qu'ils sont sensés prévenir permettra *in fine* d'établir le lien manquant entre la nature des polyphénols ingérés, leurs impacts physiopathologiques et leurs effets sur la santé.

3. Importance des métabolites secondaires

Les substances naturelles issues des végétaux ont des intérêts multiples en alimentation, en cosmétologie et en pharmacie. Parmi ces composés, on retrouve dans une grande mesure les métabolites secondaires qui se sont surtout illustrés en thérapeutique. La pharmacie utilise encore une forte proportion de médicaments d'origine végétale et la recherche trouve chez les plantes des molécules actives nouvelles, ou des matières premières pour la semi-synthèse. Cette thérapeutique officielle accepte parfois avec une certaine méfiance l'emploi de végétaux ou d'extraits complexes de végétaux dont l'action est confirmée par l'usage sans être attribuée de façon certaine à une molécule type.

4. Différentes classes de composés secondaires

4. 1. Coumarines

Comme les autres composés phénoliques, les coumarines (formule ci-dessous) se rencontrent dans la nature sous forme de combinaisons. Ce sont des hétérosides qui dérivent de la cyclisation de l'acide cinnamique par ortho-hydroxylation. Ces composés sont peu solubles dans l'eau, dans l'éthanol et dans l'éther éthylique. La coumarine est une molécule se présentant sous forme cristalline, avec une odeur de vanille, d'origine végétale ou synthétisée pour ses applications en parfumerie et comme anticoagulant. Mais elles sont interdites dans l'alimentaire pour leurs effets carcinogènes, on les trouve dans la lavande et la fève tonka. (Ribéreau-Gayon, 1968). Les coumarines sont des protecteurs des capillaires utilisées dans certaines pathologies vasculaires (Gheysen *et al.*, 1990). L'hydroxy-4 coumarine a, quant à elle, des propriétés anticoagulantes (Murray *et al.*, 1982). Certaines coumarines présentent également des propriétés anticancéreuses (Hagmar, 1969), ou spasmolytiques. D'autres sont utilisées comme antibactériens (Wolters *et al.*, 1981), telles la coumermycine A1 et la novobiocine (Murray *et al.*, 1982).

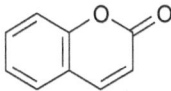

Structure chimique des coumarines

4. 2. Saponines

Les saponines sont très communes dans les plantes médicinales. Du point de vue chimique, ces composés sont sous forme d'hétérosides à l'état naturel et elles se caractérisent également par un radical glucidique (glucose, galactose) joint à un radical aglycone qui pourra être de nature triterpénique ou stéroïdique. Les propriétés physico-chimiques les plus caractéristiques des saponines sont la modification de la tension superficielle et le pouvoir moussant. Ce sont des agents de défense contre les microorganismes et les animaux en général. Certaines saponines sont actives en tant qu'inhibiteurs après ingestion par les larves de doryphore par exemple et si la concentration des saponines est assez élevée, la protection des feuilles est garantie contre les insectes nuisibles (Touati, 1985). Elles sont connues pour leurs importantes activités antibactériennes, fongicides et antivirales en plus d'un rôle diurétique, et désinfectant des voies urinaires comme c'est le cas de l'espèce *Hernaria glabra* (Rhiouani et *al.,* 1998)

4.3. Terpènes

Il n'y a pas de fonction chimique commune aux terpènes, seule leur structure et leur biosynthèse en font une catégorie. Ce sont des hydrocarbures biosynthétisés à la suite d'un couplage d'au moins de 2 entités à 5 carbones dont la structure est celle d'isoprène ou 2 méthylebuta-1,3diène. Selon le nombre de ses entités, les terpènes sont classés en mono-terpènes à 10 carbones, les diterpènes à 20 carbones, tétra...etc (voir annexe 9). Ils constituent, entre autre, le principe odoriférant des végétaux (pinène, camphre, nérol etc...). Cette odeur est due à la libération des molécules très volatiles extraites, ces molécules sont employées comme condiment (girofle) ou parfum (rose, lavande), en plus de leur rôle éventuel d'attracteurs de pollinisateurs (Harbone et Baxter, 1995)

H$_3$C

L'isoprène   H$_2$C   CH$_2$

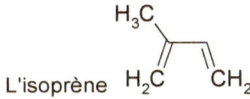

(2 méthylebuta-1,3diène)

4.4. Quinones libres

Ils constituent une classe de composés dicarbonylés α, β, insaturés oxygénés, qui possèdent des propriétés originales par rapport aux composés carbonylés ordinaires. Ils sont nommés comme des phénols substitués. Le numéro le plus petit est affecté à l'atome de carbone porteur du groupement hydroxyl (–OH).

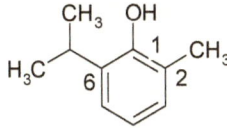

CH$_3$ OH

H$_3$C   CH$_3$
       6   2
       1

6-Isopropyl-2-Méthylphénol

Les quinones sont des pigments jaunes à rouge–violet (animaux et végétaux). Ce sont des molécules antibactériennes, antifongiques et mêmes toxiques, on leur attribue aussi des propriétés thérapeutiques (Bruneton, 1987 ; Bruneton, 1993).

4.5. Anthraquinones

Ils dérivent de l'anthracène, c'est un groupe important des quinones et existent fréquemment sous forme de glucosides. Les anthraquinones sont très utilisées dans la teinturerie surtout dans le domaine de la confection. On les trouve aussi chez les végétaux supérieurs, les champignons, les lichens et les animaux. En effet, des anthraquinones, identifiées chez les insectes, ont été utilisées pour teindre les vêtements, de l'acide carminique des _Coccidae_ mexicaines, à l'acide kermésique de la «punaise» femelle, du chêne kermès et à l'acide laccaïque de _Laccifer lacca_ (Duke,

1985 ; Harbone & Baxter, 1995). Ces composés sont aussi utilisées dans le domaine médical pour leurs propriétés thérapeutiques (Shibata et *al.,* 1960).

4.6. Composés cyanogéniques

Certains végétaux contiennent des quantités de toxines et de facteurs anti-nutritifs potentiels tels que les inhibiteurs de trypsines. Mis à part le manioc, ils contiennent des glucosides cyanogéniques, ces derniers renferment du cyanure qui, après hydrolyse libère du HCN, tel est le cas aussi des amandes amères, et pépins d'abricot utilisés comme témoin positif dans notre cas. Cette toxicité est due au groupement cyanure qui forme un complexe avec les cytochromes a_3 de la chaîne respiratoire engendrant une toxicité connue chez l'homme, le bétail ainsi que chez les insectes, et pourtant, ils sont dotés d'un pouvoir antispasmodique et calmant (Guignard, 1979).

4.7. Alcaloïdes

Actuellement, plus de 200 alcaloïdes sont connus, la plupart d'entre eux sont des amines complexes qui dérivent le plus souvent d'un squelette hétérocyclique azoté, ils se présentent généralement sous la forme solides cristallisée, parfois de liquide volatils (nicotine, mescaline) souvent insolubles dans l'eau, ils sont par contre solubles dans les solvants organiques (alcool, acétone). Ils pourraient également constituer pour la plante un moyen de défense contre les agressions des insectes et des animaux, ou encore seraient des réservoirs servant à la synthèse protéique, afin de réguler la croissance et la reproduction. Ils sont toxiques, sédatifs et hallucinogènes (Al Shamma et *al.,* 1989).

4. 8. Les polyphénols

Les polyphénols, également dénommés composés phénoliques ou phénylpropanoïdes sont des molécules spécifiques du règne végétal, cette appellation générique désigne un vaste ensemble de substances à structure variée difficile à définir simplement. C'est un ensemble de molécules qui possèdent au moins en commun un hydroxyle phénolique sur un noyau benzénique. Ce sont des métabolites secondaires qui ne sont pas impliqués dans les activités fondamentales des organismes. Les différentes classes de composés phénoliques sont diversifiées parmi lesquels on trouve les flavonoïdes, les coumarines, les tanins...etc., et peuvent caractériser certaines espèces, familles ou ordres végétaux.

En effet, la majorité des plantes, sinon la totalité contiennent des polyphénols qui les différencient entre elles, on parle alors de marqueurs biochimiques (Scalbert, 1993). Parmi les molécules les plus utilisées pour la chimiotaxinomie des conifères, on peut citer les terpènes et les flavonoïdes (Idrissi Hassani, 1985).

Les polyphénols sont probablement les composés naturels les plus répandus dans la nature et de ce fait, sont des éléments faisant partie de l'alimentation animale. A titre d'exemple, l'homme consomme jusqu'à 10g de ces composés par jour. Ces substances sont dotées de certaines activités résumées dans le tableau II. 1.

Les composés phénoliques sont aussi impliqués lorsque la plante est soumise à des blessures mécaniques. Des phénols simples sont synthétisés et l'activité peroxydasique caractéristique des tissus en voie de lignification est stimulée. Ces réactions aboutissent à la formation au niveau de la blessure d'un tissu cicatriciel résistant aux infections (Fleuriet et Macheix, 1977). La capacité d'une espèce végétale à résister à l'attaque des insectes et des micro-organismes est souvent corrélée à la teneur en composés phénoliques (Rees et Harborne, 1985).

Les pigments responsables de la coloration des fleurs représentent des signaux visuels qui attirent des animaux pollinisateurs. La plupart de ces pigments sont des anthocyanes, des aurones et des chalcones. D'autres polyphénols incolores tels que des flavonols et flavanones interagissent avec des anthocyanes pour altérer, par co-pigmentation, la couleur des fleurs et fruits (Brouillard et *al.*, 1997).

Tableau II. 1 : **Activités biologiques des composés polyphénoliques (Bahorun, 1997)**

POLYPHENOLS	ACTIVITES	REFERENCES
Acides Phénols (cinnamiques et benzoïques)	Antibactériennes Antifongiques Antioxydantes	Didry *et al.,* (1982) Ravn *et al.,* (1984) Hayase et Kato, (1984)
Coumarines	Protectrices vasculaires et antioedémateuses	Mabry et Ulubelen, (1980)
Flavonoïdes	Antitumorales Anticarcinogènes Anti-inflammatoires Hypotenseurs et diurétiques Antioxydantes	Stavric et Matula (1992) Das *et al.,* (1994) Bidet *et al.,* (1987) Bruneton (1993) Aruoma *et al.,* (1995)
Anthocyane	Protectrices capillaro-veineux	Bruneton, (1993)
Proanthocyanidines	Effets stabilisants sur le collagène Antioxydantes Antitumorales Antifongiques Anti-inflammatoires	Masquelier et al. (1979) Bahorun *et al.* (1994) De Oliveira et al., (1972) Brownlee *et al.,* (1992) Kreofsky *et al.,* (1992)
Tannins galliques et catéchiques	Antioxydantes	Okuda *et al.,* (1983) Okamura *et al.,* (1993)

a. Les flavonoïdes

Les flavonoïdes (du latin : *flavus*, jaune*)* sont des pigments non photosynthétiques responsables de la pigmentation des plantes (couleurs des fleurs et des fruits). Ce sont des composés polyphénoliques constitués de 15 atomes de carbone avec deux noyaux benzéniques A et B reliés par une chaîne en C3 de trois atomes de carbone (**C6-C3-C6**). Ils proviennent de l'addition de trois groupements en **C2** à l'acide coumarique. On en a dénombré actuellement plus de six mille (Milan, 2004). Ces composés existent sous forme libre ou sous forme d'hétérosides. (Heller, 1993).

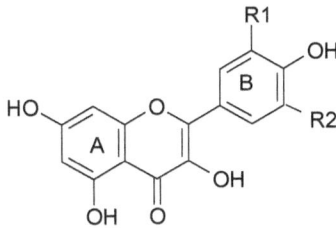

Squelette de base des flavonoïdes

Les flavonoïdes sont présents dans toutes les parties des végétaux supérieurs: feuilles, fleurs, fruits, tiges, graines, pollen, bois. Ce sont les pigments les plus importants pour la coloration des fleurs. Leur combinaison avec les caroténoïdes permet l'apparition des multitudes de couleurs caractéristiques des fleurs. Toutefois, certains flavonoïdes dans les feuilles peuvent prendre une ascendance sur les chlorophylles et donc sur la couleur verte. Ainsi, les couleurs vives des feuilles d'automne sont dues aux carotènes et à la transformation de grandes quantités de flavonols incolores en anthocyanes (qui sont aussi des flavonoïdes) lorsque la chlorophylle se dégrade. Les feuilles semblent donc en quelque sorte se transformer en fleurs durant quelques semaines par un jeu subtil de pigmentation (C'est le phénomène de l'été indien particulier aux forêts de feuillus de l'hémisphère Nord).

Au niveau cellulaire, les flavonoïdes sont synthétisés dans les chloroplastes puis migrent et sont dissous dans les vacuoles. Ils interviennent également comme constituants de plastes particuliers appelés chromoplastes.

Les flavonoïdes ne sont pas synthétisés par les animaux, les flavones présents chez certains papillons sont d'origine nutritionnelle (Harbone, 1993). Les flavonoïdes représentent la classe la plus importante des polyphénols en raison du rôle important des radicaux libres (Harbone, 1980).

De nos jours, les propriétés des flavonoïdes sont largement étudiées dans le domaine médical où on leur reconnaît des activités antivirales, antitumorales, anti-inflammatoires, anti-allergiques, antiulcérantes, anti-cancéreuses (Bruneton, 1993 ; Das et al., 1994 ; Bahorun, 1995).

L'intérêt nutritionnel pour les flavonoïdes, date de la découverte de la vitamine C. A partir des années quatre-vingt, c'est la découverte du rôle des radicaux libres dans les processus pathologiques qui a relancé l'intérêt pour ces molécules dont les propriétés antioxydantes sont très marquées.

Structurellement, les flavonoïdes se répartissent en 15 familles de composés, dont les plus importantes sont les flavones chez les Angiospermes (Ribéreau-Gayon, 1968), les flavonols, exemples : le kaempférol, la quercétine, les isoflavones, les flavanones, les flavanonols (associés aux tanins dans le bois du cœur des différentes plantes) les flavanes (hétérocycle central hydrogéné et qui ne possède pas de groupement CO) catéchine, les chalcones, les aurones, les anthocyanes.

Cet aperçu montre que les flavonoïdes sont omniprésents dans notre quotidien, ils soignent, donnent le goût et la couleur…Ils concernent les domaines de la pharmacologie, de l'agroalimentaire, et de la cosmétique. Leur biosynthèse se fait à partir d'un précurseur commun, ils sont synthétisés par la voie des phénylpropanoïdes (figure II.2), la phénylalanine ammoniaque lyase (PAL) catalyse la conversion de la phénylalanine cinnamate. (Boss et al., 1996).

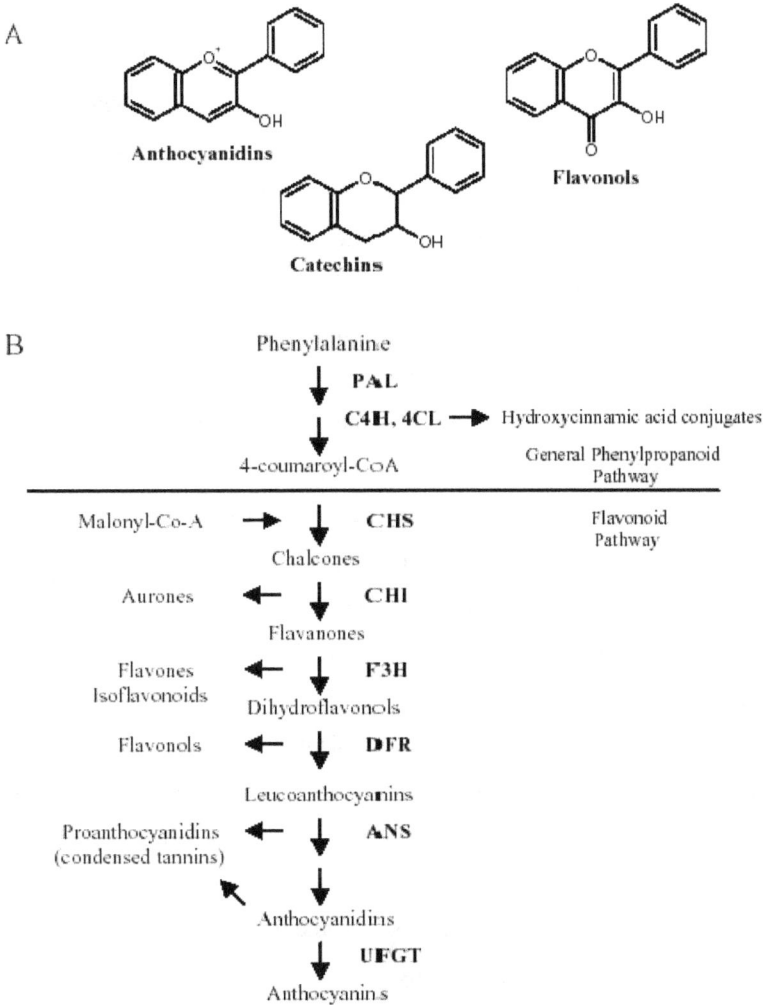

Figure II. 2: A : Structures de certaines classes de flavonoïdes.
B : Présentation schématique de la voie de biosynthèse des flavonoïdes.

PAL : la phénylalanine ammonia-lyase; C4H : cinnamate 4-hydroxylase; 4CL : 4-coumaroyl: CoA ligase; CHS : la chalcone synthase, CHI : chalcone isomérase; F3H : flavanone 3-hydroxylase; DFR : dihydroflavonol 4-réductase; SNA : synthase anthocyanidine; UFGT : UDP-flavonoïde 3-O-glucosyl transférase glucose. (Boss et *al.*, 1996)

b. Les tanins

Ce sont des polymères naturelles de certains flavonols et de leuco-anthocyanes, on les appelle parfois proanthacyanidines, ils ont une capacité à coaguler (c'est à dire à former des complexes très stables) et à fixer les protéines et donc leur précipitation par formation de liaisons non polaires (le tannage) (Ribéreau-Gayon, 1968).

Les tanins sont considérés en principe comme des molécules éliminées par la cellule (déchets du métabolisme), voire des toxines. Ils disparaissent lors de la maturation de nombreux fruits et sont synthétisés en abondance chez certaines plantes parasitées ou encore par l'attaque d'une plante voisine. Ils sont présents à des concentrations relativement élevées dans les feuilles de plantes ligneuses très diverses.

Les associations des tanins avec les protéines influencent des facteurs tels que le goût et la valeur nutritionnelle de certains aliments. En inhibant certaines enzymes dans la nourriture, les tanins peuvent entraver la croissance et la survie de certains herbivores qui les ingèrent, raison pour laquelle ces derniers les évitent habituellement. L'importance des tanins dans les plantes réside dans leur efficacité comme répulsif pour les prédateurs (animaux ou microbes). Les proanthocyanidines ont un grand intérêt dans la nutrition et en médecine en raison de leur pouvoir antioxydant, leurs capacités et leurs éventuels effets protecteurs sur la santé humaine (Santos-Buelga & Scalbert, 2000) et leur pouvoir cicatrisant et antidiarrhétique, astringent et vasoconstricteur (Touati, 1985).

L'un des tanins les plus connus est la procyanidine B1 des raisins, qu'on retrouve dans le vin rouge. Il y a 2 types de tanins :

* Tanins hydrolysables : Ce sont les tanins galliques résultant de l'estérification d'un ose par l'acide gallique ou l'un de ses dérivés.

* Tanins non hydrolysables (dits condensés) : Ce sont les tanins catéchiques ou flavoniques et proanthocyaniques, le produit du mélange de polymérisation oxydative de flavan-3ols et flavan-3-4diols.

4. 9. Huiles essentielles et substances volatiles

a. Huiles essentielles (HE)

Les huiles essentielles sont des composés liquides très complexes pouvant contenir de 20 à 60 composés de différentes concentrations. Elles sont constituées par 2 ou 3 composés majeurs (Bakkali et *al.*, 2008). Elles ont des propriétés et des modes d'utilisation particuliers et ont donné naissance à une branche nouvelle de la phytothérapie : l'aromathérapie. Elles se forment dans un grand nombre de plantes comme sous-produits du métabolisme secondaire. Les végétaux sont les plus riches en essences par temps stable, chaud et ensoleillé (le meilleur moment pour les cueillir).

Ces huiles s'accumulent d'autre part dans certains tissus au sein de cellules ou de réservoirs à essence, sous l'épiderme des poils, des glandules ou dans les espaces intercellulaires. On obtient ces HE, par entraînement à la vapeur d'eau sous basse pression c'est **l'hydro-distillation**. Le contrôle microscopique de la qualité des huiles essentielles nous apprend que ces cellules sont disposées en formations caractéristiques.

Au point de vue chimique, il s'agit de mélanges extrêmement complexes. Les huiles essentielles sont constituées de différents composants ou essences comme les terpènes, les esters, les cétones, les phénols et d'autres éléments qui ne sont pas tous encore analysés (Bakkali et *al.*, 2008). Parmi ces constituants, certains terpènes ou résines peuvent être irritants pour la peau ou les muqueuses, raison pour laquelle on utilise dans certains cas, des essences déterpénées (l'origan, le thym, la lavande, le citron). Outre leur potentiel antibactérien, antiviral et antiparasitaire (Gilbert, 1975), les HE présentent aussi une action antifongique qui lutte contre les proliférations des moisissures et des levures.

Elles peuvent, dans certains cas, faire éviter l'emploi des antibiotiques, et ceci sans l'inconvénient de voir se développer des souches microbiennes encore plus résistantes. Elles ont, de plus, un pouvoir certain sur les champignons responsables des mycoses, elles sont de puissants antifongiques (Bakkali et *al.*, 2008).

b. Substances aromatiques volatiles

Généralement, le composé majoritaire des HE détermine leurs propriétés biologiques. Ces derniers incluent deux groupes biosynthétiques différents : le groupe principal composé de terpènes et terpenoïdes, et l'autre est composé de substances aromatique et aliphatique (voir en annexe 9), de composition et d'action souvent très variable (Crotteau et *al.*, 2000). Elles peuvent accompagner chez la plante d'autres substances actives. Ces substances ne sont pas entraînables par la vapeur d'eau, mais obtenues à l'aide de solvants organiques. Par cette méthode d'extraction, deux types de produits sont fabriqués : les concrètes obtenues à partir de substances végétales fraîches, et les oléorésines à partir de substances végétales sèches. Pour étudier les composants volatils d'une plante, on utilise la macération lorsque la préparation d'une huile essentielle s'avère difficile ou impossible (Conner et *al.*, 1984).

Les composants volatils étant de nature très variée, leur biosynthèse est en général modulée par des facteurs externes tels que l'oxygénation et la température….La multiplicité de ces paramètres explique la difficulté d'identifier la ou les substances aromatiques les plus caractéristiques de la plante (Vasconcelos et *al.,* 1999).

III. Matériel et méthodes
1. Matériel végétal et échantillonnage

Les échantillons de *P. mamorensis* proviennent de la forêt de la Mamora. Ils ont été récoltés durant la période de mars à mai 2002-2005, sur trois arbres seulement. Différents organes ont été collectés à différents stades végétatifs : feuilles, fleurs, fruits et rameaux. Une partie du matériel frais a été conservée à 4°C en vue de son utilisation ultérieure, alors que l'autre partie a été séchée à l'ombre et à la température ambiante dans une pièce aérée. Les échantillons sont brassés chaque jour, surtout au début du séchage pour faciliter celui-ci, trois répétitions ont été effectuées.

2. Screening phytochimique

Les métabolites secondaires des plantes sont des substances très variées, mais leur répartition dans les familles botaniques est très irrégulière et ce sont des molécules d'un grand intérêt de point de vue pharmacologique. Pour *P. mamorensis*, différents tests ont été effectués selon la classe de composés recherchée. Le screening phytochimique a été réalisé selon la méthode de Rizk, (1982) et Al Yahya, (1986).

Les extraits végétaux (figure II.3) ont été analysés par chromatographie sur Couche Mince de cellulose et sur gel de silice (CCM) (Das et Weaver, 1972) et les systèmes utilisés ont été choisis dans la littérature et adaptés en fonction des composés à séparer. Ce screening a porté sur la caractérisation des composés suivants :

2. 1. Coumarines

* Test de détection

Deux grammes de matière végétale broyée sont mis en solution dans 10 ml de chloroforme puis chauffés 5 min et filtrés. Le filtrat chloroformique est soumis à une CCM (Chromatographie sur Couche Mince) sur gel de silice dans un solvant de migration (chloroforme-acétate d'éthyle dans les proportions 93/7). Après séchage, les bandes sont révélées dans une chambre noire (voir annexe 5) par l'ultraviolet à 365 nm, avant et après exposition à l'ammoniac NH_4OH (Rizk, 1982).

* Test de confirmation

Un gramme de poudre végétale est placé dans un tube en présence de quelques gouttes d'eau. Les tubes sont couverts avec du papier imbibé de NaOH dilué et sont portés à l'ébullition. Toute fluorescence jaune témoigne de la présence de coumarines après examen sous UV.

2. 2. Saponines

La recherche de ce type de composés chez *Pyrus* est déterminée quantitativement par le calcul de l'indice de mousse (pharmacopée française de

1965) : on prépare une décoction de deux grammes de matériel végétal finement broyé à partir de 100 ml d'eau, l'ébullition dure 30 min puis l'extrait est refroidi et filtré. Le volume est réajusté à 100 ml.

Extrait de la tige　　　**extrait de la feuille**　　　**extrait du fruit**

Figure II. 3: **Différents organes broyés de *P. mamorensis* et leurs extraits**

De 1 à 10 ml de cette décoction sont placés dans 10 tubes (type «Duran Schott » de diamètre externe de 1.5 cm) et le volume est complété à 10 ml avec de l'eau distillée. On bouche les tubes avec le pouce, on agite violemment en position horizontale pendant 15 sec puis on les abandonne sur le porte tube. Après 15 min on mesure la hauteur de mousse résiduelle dans chaque tube en cm et on construit la courbe étalon. L'indice de mousse est calculé à l'aide de la formule suivante :

$$\boxed{\text{I : la hauteur de mousse dans le 9}^{\text{ème}}\text{ tube x 10/0.09}}$$

La présence des saponines est confirmée avec un indice de mousse supérieur à 100.

N.B : l'extrait des racines de *Saponaria officinalis* (dite la saponaire) sont utilisées comme témoin positif, (Morrissey et *al.,* 1999).

Une approche qualitative des différentes classes de saponines chez *P. mamorensis* a été effectuée par chromatographie sur couche mince (CCM) d'extrait méthanolique de la plante. Après migration dans le solvant de l'AcEt /MeOH/H$_2$O

(100/13,5/4), les chromatogrammes sont pulvérisés avec de la vanilline sulfurique et incubés à 100°C pendant 10 min. La coloration en rose indique la présence de saponines de types stéroïdique.

2. 3. Terpènes

A deux grammes de matériel végétal broyé, on ajoute 10 à 20 ml d'hexane, après sonication (appareil à ultrason), le mélange est agité pendant 30 min puis filtré. Une CCM sur gel de silice a été effectuée dans le benzène. Après séchage de la plaque, on la pulvérise avec le chlorure d'antimoine puis on la place à l'étuve 110°C/10 min, toute fluorescence détectée indique la présence des terpénoïdes dans la plante étudiée (Randerath, 1971), en comparaison avec *l'Eucalyptus sp.* qui est très riche en terpènes (Touati, 1985).

2. 4. Tanins

A un extrait méthanolique végétal à 80 % filtré, on ajoute quelques gouttes de FeCl$_3$ 1% qui confirme la présence ou non des tanins (Bate-Smith, 1962). La couleur virant au bleu noir témoigne de la présence des tanins galliques, et celle virant au brun verdâtre témoigne de la présence des tanins catéchiques.

N.B : des extraits de *Peganum harmala* et *Eucalyptus sp* sont utilisés comme témoins (Tahrouch, 2000).

* Dosage des tanins

Ce dosage repose sur une méthode colorimétrique en utilisant le réactif de Folin-Ciocalteau (solution complexe formée de deux acides : l'acide phosphomolybdique et l'acide phosphotungstique).

Pour le dosage des tanins des extraits de *P. mamorensis*, on prépare une solution d'acide tannique à une concentration de 100 ppm. A partir de cette solution mère, une gamme étalon est préparée (100 ; 50 ; 25 et 10 ppm). Les extraits méthanoliques ou aqueux à doser sont filtrés et dilués à la concentration adéquate. A 1ml de chaque échantillon, on ajoute dans l'ordre tout en agitant : 5 ml du réactif de Folin-

75

Ciocalteau dilué au préalable au 1/10 (repos de 3 à 8 min), 4 ml d'une solution de carbonate de sodium de 7,5%. Après un repos de 2 heures à température ambiante et à l'obscurité, la DO est effectuée au spectrophotomètre UV visible (spectrophotomètre UV visible type HP logiciel Vectra), à une longueur d'onde de 740 nm (Singleton & Rossi, 1965).

2.5. Quinones libres

Un gramme de matériel végétal sec est broyé et mélangé avec 10 ml à 30 ml d'éther de pétrole après agitation de quelques minutes, on laisse reposer pendant une journée, puis on procède à une filtration sur papier filtre et à une concentration au rotavapor. Si la phase aqueuse vire au jaune, rouge ou violet après l'ajout de quelques gouttes de soude (NaOH) 0.1N cela confirme la présence des quinones. (R-G, 1968)

2. 6. Anthraquinones

A l'extrait chloroformique de la plante, on ajoute de la potasse KOH 10%. Si après l'agitation, la phase aqueuse vire au rouge, la présence des anthraquinones est confirmée. (Rizk, 1982)

2.7. Composés cyanogéniques

Dans cette expérience, 3 grammes de matériel végétal frais broyé au mortier additionné de quelques gouttes de chloroforme ($CHCl_3$) sont placés dans un erlen, où l'on a inséré une bandelette de papier filtre mouillée avec du picrate du sodium. Le tout est placé à 35°C pendant 3 h dans un bain Marie. Après cette période, si le papier filtre vire au rouge, cela témoigne de la présence des composés cyanogéniques (par la production de cyanure HCN). (Al Yahya, 1986).

N.B : Les amandes d'abricot riches en ces composés sont considérées comme témoin positif.

2.8. Alcaloïdes

Pour mettre en évidence l'existence de cette classe de produits secondaires chez notre plante, on a effectué les tests de Mayer*, Dragendorff* et Iodoplatinate*. Les trois tests sont nécessaires car certains alcaloïdes réagissent à l'un ou l'autre réactif.

* Préparation d'extrait méthanolique.

Deux grammes de matériel végétal sec broyés sont mis en présence de 100 ml de MeOH 50%, et pour la destruction et la libération du contenu cellulaire, une sonication de 15 min a été faite, suivi d'une agitation toute la nuit.

L'extrait est filtré et évaporé à sec à l'aide d'un évaporateur rotatif (de type büchner). Le résidu est enfin repris dans quelques ml de méthanol pur. Cet extrait est soumis aux tests suivants :

Test Dragendorff : Une CCM sur silice est réalisée avec le résidu MeOH et révélée au réactif de Dragendorff, après migration dans un solvant à base de AcEt/ MeOH/ NH_4OH 50%.

Test d'Iodoplatinate: Quelques microlitres d'extrait méthanolique subissent une chromatographie sur gel de silice, avec une migration dans les mêmes conditions que précédemment, sauf que la révélation s'effectue cette fois-ci avec le réactif d'Iodoplatinate de potassium*. L'apparition d'une coloration bleue à violette prouve la présence des alcaloïdes.

Test de Mayer : A 0.5 grammes de la plante étudiée, on ajoute 15 ml d'éthanol 70°. Après une sonication de 15 min, les extraits sont laissés en agitation toute la nuit. Une évaporation à sec est faite après décantation complète et filtration. Les résidus sont ensuite repris dans quelques ml d'acide chlorhydrique 50%. Quelques gouttes du réactif de Mayer sont ajoutées aux extraits et la formation du précipité blanc témoigne de la présence des alcaloïdes.

N.B : *Peganum harmala* riche en alcaloïdes réagissant aux trois tests est utilisé comme témoin positif (Idrissi Hassani, 2000)

* : voir la composition chimique en annexe 2

2.9. Flavonoïdes

a. Protocole d'extraction : analyse qualitative

Un gramme de matériel végétal en poudre est extrait avec 20 ml de méthanol 80 %. Après agitation (15 min) et sonication pendant 15 min, les extraits sont filtrés et soumis à une CCM (Chromatographie sur Couche Mince), le solvant de migration étant composé de :

AcEt / MeOH/ NH_4OH 50% (9 :1 :1). La révélation des différentes fluorescences se fait sous U.V à 365 nm après pulvérisation des plaques avec le réactif de NEU* (2 amino éthyl diphénylborate), à 1% dans du MeOH pur.

L'analyse qualitative des flavonoïdes totaux sur les différents organes a été effectuée par chromatographie sur couches minces (CCM) en utilisant comme témoin l'arganier, la myricitine et le totum du cal de jasmin (parce que leur composition en flavonoïdes est connus.

b. Dosage des flavonoïdes totaux

Un gramme de matériel végétal en poudre est extrait avec 100 ml de méthanol 80 %. Après agitation et sonication, 2 ml de l'extrait sont mélangés à 100 µl de NEU*.

L'absorption est déterminée à 409 nm au spectrophotomètre UV visible et comparée à celle du quercétol standard (0,05 mg/ml) traité avec le même réactif et dans les mêmes conditions que l'extrait.

Le pourcentage des flavonoïdes totaux est alors calculé en équivalent quercétol selon la formule suivante (Hariri et *al.*, 1991) :

$$F = A_{ext} . 0,05 . 100 / A_q . C_{ext}.$$

A_{ext} : Absorption de l'extrait étudié.
A_q : Absorption du quercétol.
C_{ext} : Concentration de l'extrait en mg/ml

c. Aglycones et anthocyanes

c. 1. Hydrolyse acide

Les flavonoïdes se présentent à l'état naturel sous forme d'hétérosides, difficiles à étudier du fait de leur abondance et leur complexité. Ce qui conduit le chercheur à procéder à une hydrolyse acide pour pouvoir n'étudier que la partie aglycone. Cette hydrolyse acide transforme les proanthocyanes en anthocyanes et la libération des aglycones de flavonoïdes de leurs formes O-hétérosidiques, après rupture des liaisons –C-O-C-. Pour la recherche de ces composés, deux analyses sont effectuées : qualitative et quantitative.

c. 2. Protocole d'extraction

Deux grammes de matériel végétal sec broyé sont placés dans un erlenmeyers contenant 200 ml de HCl 2N puis portés au bain Marie bouillant pendant 40 min avec insufflation d'air toutes les 10 minutes. Après refroidissement, les anthocyanes et les aglycones sont extraits de la phase aqueuse acide par l'éther éthylique, selon la méthode de Lebreton et *al*., (1967) modifiée par Jay et *al*., (1975).

Après refroidissement, la solution acide et le marc sont transférés en ampoule à décanter. L'extraction se fait successivement :

* Par l'éther éthylique (2 fois 20 ml) : qui extrait les composés phénoliques, qui (sauf les anthocyanes et C-glucosides) quittent l'hypophase acide au profit de l'épiphase éthérée. Les extraits réunis et évaporés sous hotte ventilée sont repris par 10 ml d'éthanol 95°.

* Par le n-butanol (2 fois 20 ml): cette phase extrait les anthocyanes et des C – glycoflavones. Ce solvant entraîne les anthocyanes colorés en rouge provenant de l'oxydation des proanthocyanes.

c. 3. Dosage des flavones-flavonols

Le dosage différentiel des flavones et flavonols est basé sur les propriétés chélatantes de chlorure l'aluminium $AlCl_3$ (à 1%, en solution dans l'éthanol 95°) des flavonoïdes.

*Dans la cuve de référence est placée la solution alcoolique convenablement diluée,

*Dans la cuve de mesure est placée la solution alcoolique amenée à la même dilution mais avec une solution alcoolique d'$AlCl_3$ à 1%. Après 10 min de contact, le spectre est enregistré au spectrophotomètre UV-visible, entre 380 et 460 nm pour les aglycones. La présence des flavonols est indiquée par un pic entre 420 et 440 nm, celle des flavones par un maximum d'absorption entre 390 nm et 415 nm. La hauteur du pic différentiel est proportionnelle à la concentration en aglycones flavoniques. (Jay et *al.*, 1975).

Ainsi la teneur en aglycones exprimée comme quercétine (flavonol témoin) est calculée selon la formule suivante :

$$T_{aglycones} = (DO / \epsilon). \, M. \, V. \, d \, / \, p \text{ (en \% ou en mg/g)}$$

DO   : Densité optique du pic différentiel
ϵ : Coefficient d'absorption molaire de la quercétine (=23000)
M   : Masse molaire de la quercétine (= 302)
V   : Volume de la solution éthanolique d'aglycones
d   : Facteur de dilution
p   : Poids sec de matériel végétal hydrolysé.

La chromatographie d'un aliquote de l'extrait éthéré est réalisée sur gel de silice par la technique monodimensionnelle ascendante, en utilisant le solvant AcEt /MeOH/NH_4OH 50% (9 :1 :1). Après migration, les chromatogrammes sont visualisés sous UV à 365 nm (sans NEU puis avec NEU). La fluorescence obtenue des produits donne une idée sur la nature des aglycones flavoniques : jaune pour les flavonoïdes, violette pour les flavones bleue, à vert pour les acides phénols.

c. 4. Dosage des anthocyanes

Pour les anthocyanes, la phase aqueuse acide résiduelle est extraite 2 fois par le n-butanol. Ce solvant entraîne les anthocyanes colorés en rouge provenant de

80

l'oxydation des proanthocyanes. Ces anthocyanes sont dosées par spectrophotométrie entre 480 et 600 nm (Lebreton _et al._, 1967 ; Porter _et al._, 1986). La teneur en proanthocyanes (le rendement de la transformation des proanthocyanes en anthocyanes étant pratiquement constant dans des conditions standardisées) exprimée comme procyanidine, est donnée par la formule suivante :

$$T_{anthocyanes} = (DO/\mathcal{E}).\ M.\ V.\ d\ /\ p\ \text{(en \% ou en mg/g)}$$

DO : Densité optique à la longueur d'onde d'absorption maximale
$\mathcal{E}$: Coefficient d'absorption molaire de la cyanidine (=34700)
M : Masse molaire de la procyanidine (=306)
V : Volume de la solution butanolique
d : Facteur de dilution
p : Poids sec de matériel végétal hydrolysé.

Pour l'analyse qualitative, la chromatographie a été effectuée sur papier Wathman n°1 et sur gel de cellulose. Après l'hydrolyse acide, on dépose des quantités concentrées du résidu butanolique rouge du _P. mamorensis_ sur papier ou sur le gel dans le solvant du Forestal (acide acétique/ eau/ acide chlorhydrique, 30/10/3) (Ribéreau-Gayon ,1968).

Après migration, les taches obtenues sont comparées avec celle de littérature en tenant compte du R_f (référence frontale) et de la couleur en lumière visible.

3. Etude des polyphénols des feuilles, des fleurs et des tiges de _P. mamorensis_

3. 1. Extraction

Les anthocyanes et les aglycones flavoniques sont extraits à partir des organes de _P. mamorensis_ après hydrolyse acide de la même façon que précédemment.

3. 2. Aglycones flavoniques

a. Analyse structurale : Chromatographie sur papier (CP) et sur couche de silice

Une séparation préliminaire des extraits éthérés est d'abord effectuée par chromatographie sur papier Wathman n°1, et sur gel de silice à support de verre (TLC, type CAMAG 032.0001) en utilisant comme solvant l'acide acétique 2% (environ 2 heures de migration). Ceci permet de séparer des acides phénols de fluorescence bleue qui coulent ainsi au front. Après séchage du chromatogramme, le dépôt qui n'a pas migré, est découpé puis élué dans le MeOH, une migration dans l'acide acétique 60% est ensuite effectuée. Les bandes repérées sous lumière ultra violette sont découpées et éluées dans le MeOH pur puis purifiées sur des colonnes de polyamide (MN-Polyamide SC6, Cat. N°81561), préparées au préalable. Le suivi de l'élution se fait sous lumière UV (365nm). Les composés ainsi élués sont soumis à des enregistrements spectroscopiques entre 380 et 460 nm pour les identifier et s'assurer de leur pureté. Leur identification s'effectue en comparant leurs propriétés physiques et spectroscopiques avec celles de la littérature et des témoins disponibles (R_f, fluorescence, et série spectrale). La série spectrale d'un composé est enregistrée de la manière suivante :

- **Première série**

- Solution méthanolique neutre.

- Solution précédente additionnée de 2 ou 3 gouttes d'une solution méthanolique d'AlCl$_3$ (à 6% dans du méthanol) fraîchement préparé.

- Addition à la solution précédente de 2 gouttes d'HCl à 50 %.

- **Deuxième série**

Solution méthanolique additionnée de 2 gouttes d'une solution aqueuse de NaOH (1N) le spectre est enregistré immédiatement et après 5 min. (Voirin, 1983)

Après purification sur colonne de polyamide et enregistrement de spectres, la détermination des Rfs des molécules s'effectue par chromatographie sur papier Wathman n°1, en utilisant le solvant de migration adéquat pour chaque classe de molécule : de l'AcOH 60% pour les aglycones et l'AcOH 2% ou du Forestal* pour les acides phénols, en présence de témoins.

3. 3. Anthocyanes

Les anthocyanidines extraites des feuilles de *Pyrus* sont d'abord soumises à une CCM comme décrit auparavant. Les bandes ainsi obtenues sont éluées du papier de migration dans quelques millilitres de HCl 0,1 % et EtOH 95%. Les spectres sont enfin enregistrés au spectrophotomètre entre 220 et 600 nm. Leur identification est alors possible en comparant leurs propriétés physiques et spectroscopiques avec celles de la littérature (Rf, fluorescence et séries spectrales).

La série spectrale des anthocyanidines a été déterminée en étudiant le déplacement des spectres en présence de quelques gouttes d'AlCl$_3$ à 1% dans de l'EtOH 95° (Ribéreau-Gayon, 1968).

4. Etude des substances volatiles

4. 1. Extraction

Les différents organes de la plante (feuilles, tiges, fleur, et fruit) sont broyés et mises pour macération dans 50 ml d'éther éthylique dans des bouteilles hermétiquement
fermés pendant une semaine sous agitation, à température ambiante. Les extraits sont ensuite filtrés et concentrés par évaporation du solvant sous une hotte, jusqu'à obtention d'aliquotes de quelques millilitres (ml) d'extraits indispensables aux analyses.

4. 2.Analyse par CG /SM

L'analyse des substances volatiles de *Pyrus* a été effectuée par chromatographie en phase gazeuse couplée à la spectrométrie de masse (CPG-SM, Hewlett Packard type 5941). Elle a été réalisée en collaboration avec le Laboratoire de chimie macromoléculaire de l'Ecole Nationale Supérieure de Chimie de

Montpellier. Le chromatographe, équipé d'une colonne capillaire en silice de 25m x 0,20mm de diamètre interne et garnie de polydiméthylsiloxane $(C_2H_6OSi)_n$ type DB 5, utilise l'hélium comme gaz vecteur dont le débit est réglé à 0,9 ml/min. Les températures de l'injecteur et du détecteur sont respectivement 220 et 240 C et la programmation de température est comprise entre 50° C (pendant 3 min) et 220 °C à raison de 3 C par min. L'enregistrement des spectres de masse se fait grâce à un détecteur de type quadripôle et l'ionisation se réalise par impact électronique sous un potentiel 70 eV. Les composés volatils sont enfin identifiés grâce à leur spectre de masse (voir annexe 10) et à leur indice de rétention (Stenhagen, 1976, Mc Lafferty et Stauffer, 1989, Pacáková, 1992).

IV. Résultats et discussion :

1. Screening phytochimique

1.1. Coumarines

Les chromatogrammes de _P. mamorensis_ qui ont été réalisés sur gel de silice montrent une séparation de différentes bandes surtout chez les feuilles, mais après exposition à la vapeur d'ammoniac et visualisation sous UV (365nm), on a pu observer des fluorescences jaunes et violettes chez tous les organes (feuille, tige, fruit, et fleur).

Nous pouvons donc dire que des métabolites appartenant à la classe des coumarines existent chez _P. mamorensis_ (figure II.4).

1.2. Saponines

Le dosage de cette classe de métabolites secondaires repose sur la caractéristique du pouvoir moussant des saponines. Pour _P. mamorensis,_ l'indice de mousse a été évalué pour les différents organes. Les résultats obtenus sont regroupés dans le tableau II.2. Ils représentent la moyenne de trois répétitions.

Tableau II. 2 : **Mesure d'indice de mousse chez différents organes de *P. mamorensis* en comparaison avec la référence *Saponaria*.**

Plante étudiée	*Saponaria. sp.* (témoin)	*P. mamorensis*			
		Feuille	Tige	Fleur	Fruit
Indice de mousse (Im)	444.4	33.3	211.1	111	100

Les résultats montrent que la tige, les fleurs et les fruits contiennent des quantités importantes de saponines, avec un indice de mousse hautement significatif chez les tiges (Im=211.1) alors que les feuilles de *P. mamorensis* n'en contiennent pratiquement pas, en comparaison avec *Saponaria sp.* utilisée comme témoin.

Concernant la nature des saponines, la révélation du chromatogramme, obtenue à partir d'extraits méthanoliques de *P. mamorensis*, par la vanilline sulfurique a permis d'observer une coloration rose violette témoignant de la nature triterpénique des saponines de la plante étudiée existant chez la tige, la fleur et le fruit (figure II.5).

1.3. Terpènes

Les chromatogrammes des extraits de *P. mamorensis* sont révélés et visualisés sous UV (figure II.6). Les résultats obtenus montrent l'existence de spots fluorescents (jaune orange et violet) chez les différents organes testés de la plante, en faveur de l'existence des terpénoïdes en comparaison *avec l'Eucalyptus* sp. qui est très riche en terpènes. Une très forte activité cytotoxique de certains triterpènes pentacycliques exp : acide ursolique a été également démontré (Novotny et *al.,* 2001) chez un certain nombre d'espèces de Rosaceae, comme *Malus spp.*, et *Pyrus spp.*

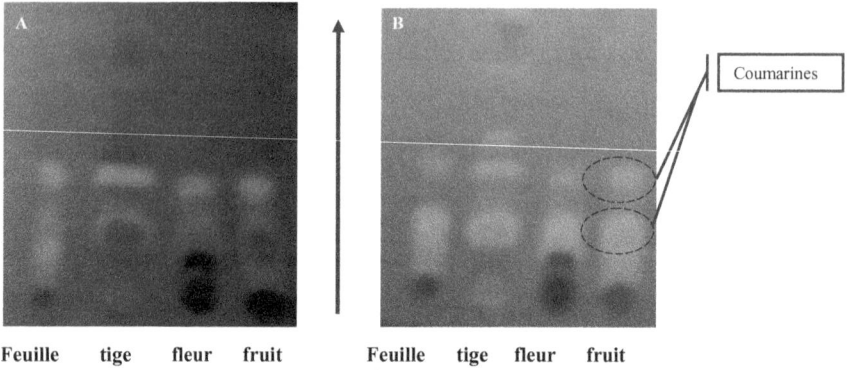

Feuille   tige   fleur   fruit   Feuille   tige   fleur   fruit

Figure II. 4 : CCM sous UV (365nm) des <u>Coumarines</u> avant (A) et après (B) révélation (avec NaOH)

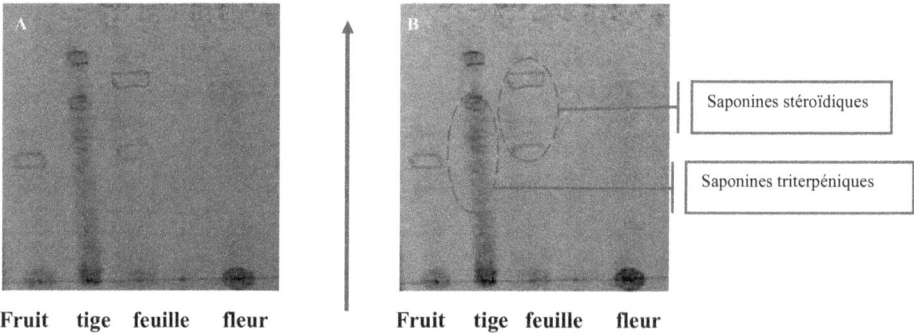

Fruit   tige   feuille   fleur   Fruit   tige   feuille   fleur

Figure II. 5: CCM sous UV des <u>Saponines</u> avant (A) et après (B) révélation (avec la vanilline)

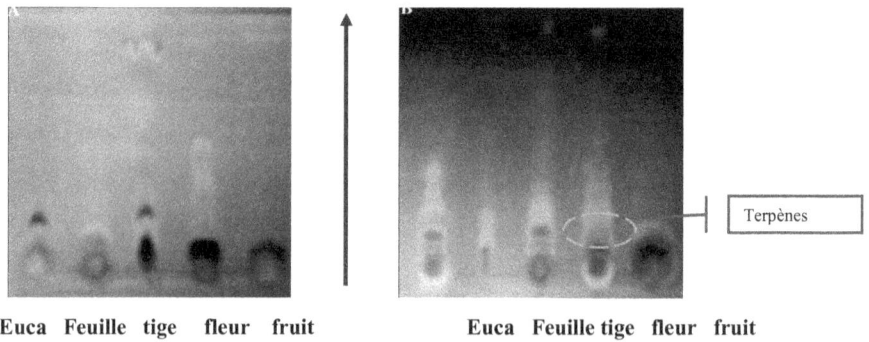

Euca Feuille tige fleur fruit   Euca Feuille tige fleur fruit

Figure II. 6: CCM sous UV des <u>Terpènes</u> avant A, et après révélation B (avec le chlorure d'antimoine)

86

1.4. Tanins

* Détection

Les témoins utilisés pour ce test sont l'*Eucalyptus sp.* qui contient les tanins de type gallique, et *Peganum harmala* qui contient les tanins catéchiques (Tahrouch, 2000). Le test nous a permis de mettre en évidence les tanins **galliques** dans les feuilles de *Pyrus* qui donne une couleur bleue noire, alors que la tige, les fleurs et les fruits contiennent des tanins de type **catéchique** qui donnent une couleur brun verdâtre après l'ajout de $FeCl_3$ 1% sur l'extrait méthanolique.

* Dosage des tanins

Le dosage des tanins chez les différents organes de *P. mamorensis* a été effectué à l'aide d'une gamme étalon (voir annexe 4). Les résultats de ce test sont rassemblés dans le tableau II.3. Leur analyse montre que les tiges de la plante étudiée sont les organes les plus riches en tanins, suivi des feuilles, des fruits et enfin des fleurs.

Tableau II. 3: Teneurs moyennes en tanins des différents organes de *Pyrus mamorensis*

Plante étudiée	*Pyrus mamorensis*			
Teneur moyenne en mg/g	Tiges	Feuilles	Fruits	Fleurs
	86.90 ± 10,11	53.52 ± 7,31	2.59 ± 0,30	2.46 ± 0,29

1.5. Quinones libres

La recherche de ce type de métabolites secondaires chez les différents organes de *P. mamorensis* a montré qu'ils sont dépourvus des quinones puisque, pour tous les extraits analysés, après l'addition de NaOH 0.1N, les phases aqueuses n'ont pas viré au jaune, au rouge ou bien au violet.

Les quinones sont des pigments jaunes à rouge violets (animaux et végétaux). Ce sont des molécules toxiques, on leur attribue aussi des propriétés thérapeutiques (Bruneton, 1987).

1.6. Anthraquinones

D'après le test de détection des anthraquinones des différentes parties de la plante étudiée, on constate que cette dernière ne contient pas ces composés, car aucune des phases aqueuses n'a viré au rouge après la révélation par KOH 10%.

1.7. Composés cyanogéniques

On a utilisé dans ce test comme témoin positif les graines d'abricot qui sont de très bon témoins riches en composés cyanogéniques. Le papier filtre imprégné en picrate de sodium a viré au rouge en présence de ces graines indiquant ainsi l'efficacité de ce test tandis que les autres organes de *P. mamorensis* (feuilles, tiges, fruits et fleurs) n'ont pas dégagé de cyanure ce qui laisse le papier filtre incolore, on constate donc l'absence des composés cyanogéniques dans cette plante.

1.8. Alcaloïdes

Les résultats obtenus après révélation des plaques de silice sont les suivants :

Test de Mayer : aucun précipité blanc n'est observé chez *Pyrus*, comme obtenu chez *P.harmala*, confirmant ainsi l'absence des alcaloïdes chez *P. mamorensis*.

Test de Dragendorff : Chez notre plante, il apparaît qu'elle est exempte de ces métabolites secondaires chez tous les organes étudiés.

Le révélateur utilisé a permis de visualiser les alcaloïdes chez la graine de *Peganum harmala* grâce à leur coloration orange utilisé comme témoin.

Test d'iodoplatinate : On a obtenu dans ce test le même résultat négatif chez *Pyrus* tandis qu'il a donné une coloration bleu noire chez *P. harmala* qui est riche en alcaloïdes.

L'absence de molécules toxiques telles que les quinones, anthraquinones, composés cyanogéniques et alcaloïdes peut expliquer son appétence par les herbivores.

1.9. Flavonoïdes.

a. Flavonoïdes totaux

La fluorescence des flavonoïdes dépend fortement de leur structure (double liaison à résonnance). Il existe ainsi différentes fluorescences selon les structures des composés observés. Il en est de même pour leur Rf qui dépend fortement de leur degrés d'hydroxylation et/ou de méthylation (Mabry & *al.*, 1970)

Pour l'étude des flavonoïdes totaux de *P. mamorensis*, une analyse qualitative sur les différents organes a été effectuée par (CCM). On a essayé différents solvants et plaques de migration pour la recherche d'un meilleur système de chromatographie. On a ainsi testé pour le gel de silice les trois solvants suivants :

-Le **Wagner** (Acétate d'Ethyle / Acide formique / Acide acétique / Eau ; 100/11/11/27).

-**TME** (Toluène / Méthanol / Eau ; 65/25/4).

- **AMN** (Acétate d'Ethyle/ Méthanol / NH_4 50% ; 9/1/1).

Pour le gel de cellulose, on a testé les solvants suivants :

- **Acétate d'Ethyle** / Eau 10/90.

- **AMNHE** (Acétate d'Ethyle/ Méthanol / Hexane / Eau ; 90/15/5/11).

Nous avons ainsi obtenu une bonne migration sur gel de silice en utilisant comme solvant **AMN**. Après révélation des gels par le **NEU** et visualisation sous lumière ultraviolette à 365 nm, nous avons pu mettre en évidence des composés identiques chez les fleurs et les feuilles qui ont le même niveau de migration et une fluorescence orange, bleu et verdâtre (figure II.7a). Chez la tige, on remarque surtout la présence d'une fluorescence verdâtre. La tige seule contient les acides phénoliques qui peuvent être des acides cinnamiques (Ribéreau-Gayon, 1968).

Pour l'analyse quantitative, le dosage des flavonoïdes totaux effectué a permis d'obtenir des teneurs moyennes variant selon l'organe étudié (figure II.7.b), ils représentent la moyenne de trois répétitions. Par rapport à l'arganier, espèce riche en flavonoïdes totaux (Tahrouch, 2000) ; le dosage effectué a permis de mettre en évidence que tous les organes de *P. mamorensis* sont riches en flavonoïdes surtout les feuilles et les tiges.

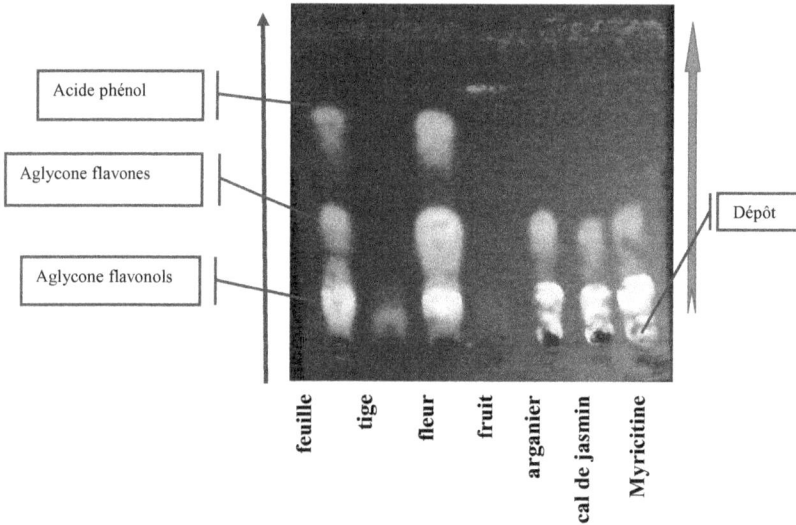

Figure II.7 a : Chromatographie sur Couche Mince sous rayons UV des Flavonoïdes totaux après révélation au NEU (solvant AMN ; support : la silice)

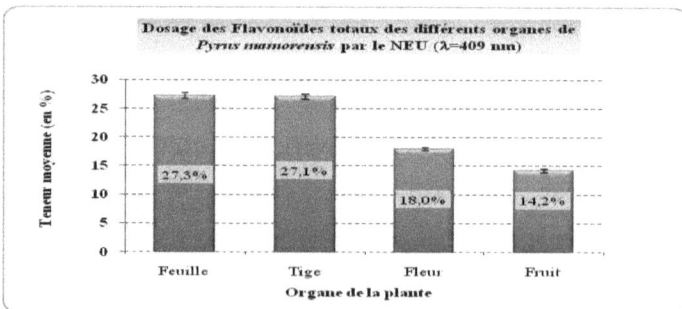

Figure II.7 b: Teneurs moyennes en Flavonoïdes totaux de *P. mamorensis*

b. Anthocyanes

Les anthocyanes sont des composés phénoliques, faisant partie de la famille des flavonoïdes, généralement présents chez les végétaux à l'état d'hétérosides, constituant une grande famille de pigments aux teintes vives (bleu, rouge, mauve; rose ou orange) capable d'absorber la lumière invisible. Leur présence dans la plante est détectable à l'œil nu, elles sont généralement localisées dans les vacuoles des cellules épidermiques.

Les précurseurs de la biosynthèse des anthocyanes sont les flavan-3,4 cis-diol ou leucoanthocyanidines.

Pour l'analyse qualitative, la chromatographie a été effectuée sur papier Wathman n°1, et sur gel de cellulose. Après l'hydrolyse acide, des quantités concentrées du résidu butanolique rouge du *P. mamorensis* sont déposées sur papier Wathman n°1, et mises dans le solvant de migration Forestal (AcOH/Eau/HCl, 30/10/3). La visualisation des chromatogrammes à l'œil nu a permis donc d'observer chez les feuilles et la tige, deux bandes majoritaires, la première de coloration rose et la deuxième d'une coloration pourpre. Chez les fleurs et les fruits, on n'a pas détecté des bandes visibles mais seulement des traces. Donc, en comparant leurs propriétés physiques (couleur, R_f, et séries spectrales) avec celles de la littératures (Idrissi Hassani, 2000 ; Ribéreau-Gayon, 1968, Tahrouch et *al.*, 2002), nous avons pu identifier deux anthocyanidines chez les feuilles et la tige de *Pyrus*, ce sont la cyanidine et l'hirsutidine (Harbone, 1975).

Pour le dosage de ces métabolites, dont le maximum d'absorption se situe entre 530 et 560 nm, les résultats obtenus sont représentés dans la figure II. 8. Ils représentent la moyenne de trois répétitions. Toujours en comparaison avec la littérature, *P. mamorensis* contient ces métabolites en quantité plus importante dans la tige et les feuilles. Les fleurs en contiendraient aussi mais en quantité très faible, alors que dans les fruits, ils y sont présents sous forme de traces. Les résultats du dosage sont donc en parfaite concordance avec ceux de l'analyse qualitative. Quant à la teneur en anthocyanes de la tige, les concentrations mesurées sont élevées par rapport à celles enregistrées dans les feuilles, les fleurs et le fruit.

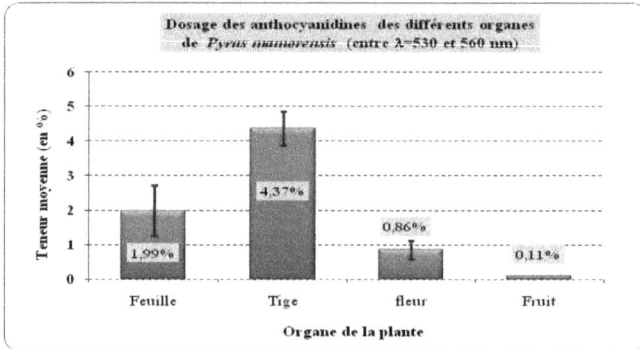

Figure II. 8: **Teneurs moyennes en Anthocyanes de _P. mamorensis,_ en % du poids sec d'organe. (Spectrophotomètre visible)**

c. Aglycones flavoniques

Pour le test qualitatif, différentes CCM ont été faites sur papier Wathman n°1 et dans le solvant BAW (Butanol/Acide acétique/Eau, 4/1/5), et Acide acétique 60%. C'est ce dernier qui a donné de bons résultats. La visualisation sous lumière ultraviolette à 365 nm (figure II.9.a), nous a permis d'observer des fluorescences vertes et jaunes pales, chez les fleurs, les feuilles, et la tige, par comparaison avec des spots jaunes chez l'arganier. Après exposition aux vapeurs de NH_3, les taches jaunes et vertes s'intensifient, ceci confirme donc la présence des flavonols et flavones chez l'espèce étudiée (Ribéreau-Gayon, 1968), ces deux métabolites n'existent pas chez le fruit de _Pyrus._

Pour le dosage des aglycones, les résultats obtenus sont représentés dans la figure II.9. b. Ils représentent la moyenne de trois répétitions. L'analyse quantitative réalisée par le dosage spectrophotométrique, a montré que la teneur des aglycones des différents organes est dans l'ordre décroissant : fleur, feuille, tige et fruit. Ce sont les fleurs qui possèdent la teneur la plus notable, suivie de celle des feuilles puis celle de la tige.

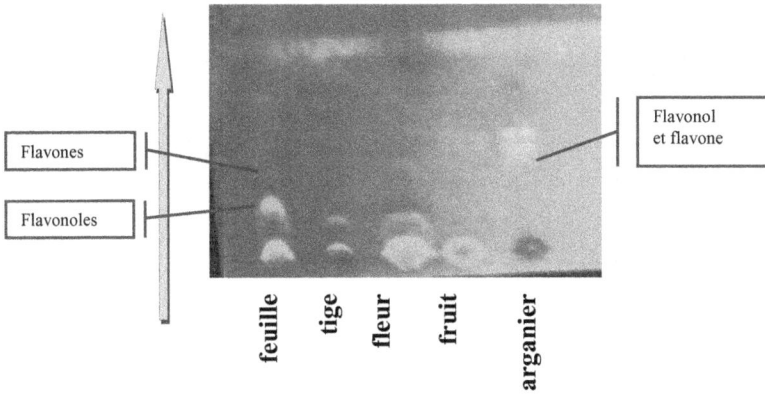

Figure II. 9 a : CCM sous UV (365nm) des <u>Aglycones flavoniques</u> après
révélation (La flèche indique le sens de migration)

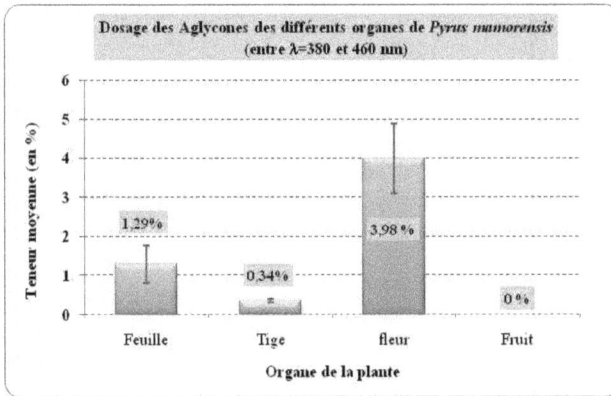

Figure II. 9 b : Teneurs moyennes en Aglycones flavoniques de *P. mamorensis*
(en % de poids sec)

L'ensemble des résultats du screening de *P. mamorensis,* en comparaison avec
les témoins est présenté dans le tableau récapitulatif II.4 (Heimeur et *al.,* 2006).
Celui-ci met bien en évidence la richesse de cette plante en différents métabolites
secondaires, surtout les flavonoïdes en grandes quantités, les anthocyanes, les
aglycones, les saponines, les terpènes, les coumarines et les tanins.

Tableau II.4 : Récapitulation des métabolites secondaires détectés chez différents organes de *P. mamorensis* et comparaison avec quelques témoins

Espèces / Classe de composés	*Pyrus mamorensis* Organes				*Saponaria* sp.	*Eucalyptus* sp.	*Peganum harmala*	*Argania spinosa*	Graines d'abricot
	Feuille	Tige	Fleur	Fruit					
Quinones	-	-	-	-	*	*	*	*	*
Composés cyanogéniques	-	-	-	-	*	*	*	*	+++
Saponines	-	++	traces	+	+++	*	*	*	*
Anthraquinones	-	-	-	-	*	*	*	*	*
Alcaloïdes D	-	-	-	-	*	*	+++	*	*
Alcaloïdes I	-	-	-	-	*	*	+++	*	*
Alcaloïdes M	-	-	-	-	*	*	+++	*	*
Tanins C	-	+	+	+	*	-	+	*	*
Tanins G	++	-	-	-	*	+	-	*	*
Terpènes	++	+	++	++	*	+++	*	*	*
Coumarines	++	+	++	++	*	*	*	*	*
Flavonoïdes	+++	+++	+++	traces	*	*	*	+	*
Aglycones	++	traces	+++	-	*	*	*	+	*
Anthocyanes	++	+++	+	traces	*	*	*	+	*

+ : Degrés de présence.   G : Tanins Galliques   D : Test Dragendorff.
- : Absence.   C : Tanins Catéchiques M : Test de Mayer.
* : Non testé.   I : Test d'Iodoplatinate

2- Etude des polyphénols des feuilles, des fleurs et des tiges de *P. mamorensis*

A notre connaissance, cette étude est effectuée pour la première fois sur *P. mamorensis* (Heimeur et *al.,* 2004). Notre objectif était d'extraire, d'isoler et d'identifier certains flavonoïdes de cette espèce méconnue, et de les évaluer.

La plupart des flavonoïdes à l'état naturel (à l'exception des catéchines et proanthocyanidines) sont présents dans les plantes sous forme de glycosides (Shahidi et Naczk, 1995), difficiles à étudier du fait de leur abondance, et leur complexité. Leur étude est plus simple par analyse de leurs aglycones après hydrolyse. Cela, nous a donc conduit à les hydrolyser au préalable afin de faciliter leurs analyses. C'est ainsi que l'hydrolyse acide transforme les proanthocyanes en anthocyanes correspondantes, qui sont alors extraites par le solvant n-butanol. Alors que l'éther éthylique libère les acides phénoliques et les aglycones flavoniques qui se retrouvent dans l'épiphase éthérée (Lebreton et *al.,* 1967)

2.1. Aglycones flavoniques

L'analyse phytochimique effectuée sur *P. mamorensis* a permis une meilleure connaissance de ses métabolites secondaires, elle a mis aussi en évidence la présence d'une grande variabilité de métabolites secondaires dont les flavonoïdes. Les analyses effectuées sous lumière UV, ont montré l'existence de certaines molécules appartenant à la classe des flavonols comme la quercétine et le kaempférol, en plus de trois acides phénols : l'acide caféique, l'acide chlorogénique, l'acide gentique, et un autre non identifié, la cyanidine et la hirsutidine pour la classe des proanthocyanidines. (Le fruit de Pyrus ne contient pas d'aglycone).

L'identification des aglycones flavoniques est rigoureuse et nécessite l'isolement de chacun de ces produits à l'état pur. Pour cela, nous n'avons pu en identifier que certains d'entres eux (tableau II.5). La purification des aglycones flavoniques sur gel de polyamide nous a permis d'isoler différentes molécules (figure II.10a et 10b).

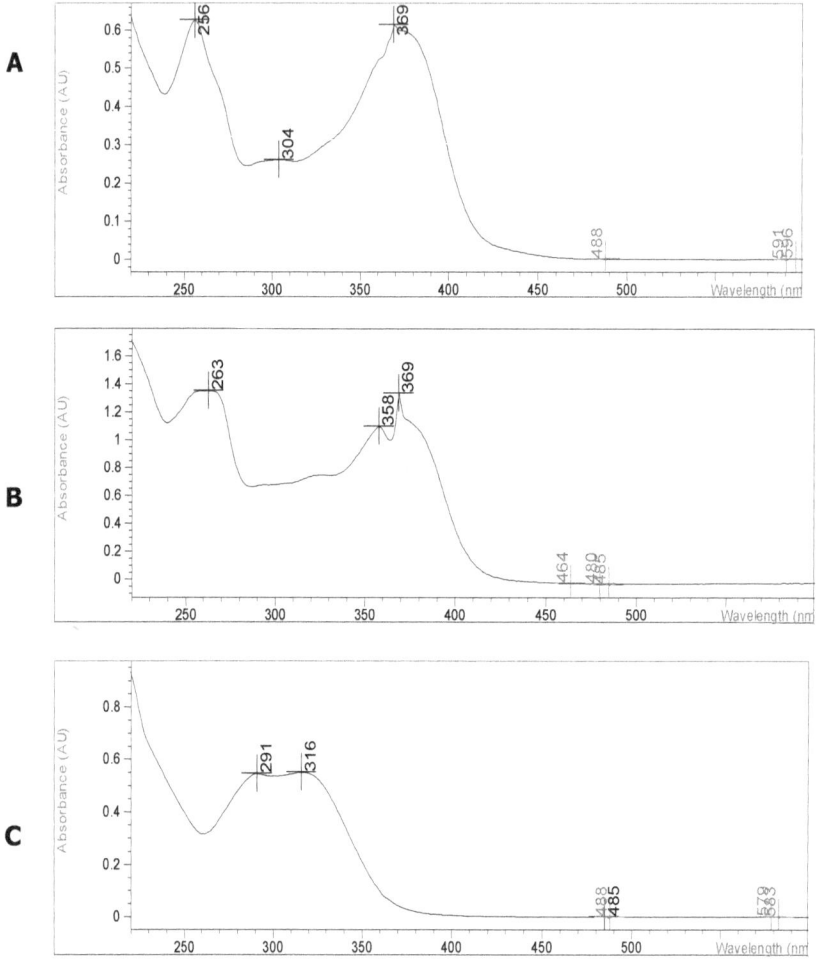

Figure II. 10 a: **Spectre UV des aglycones flavoniques identifiées chez les feuilles et les fleurs de *P. mamorensis*** (**A** : Quercétine ; **B** : Kaempférol ; **C** : Acide caféique).

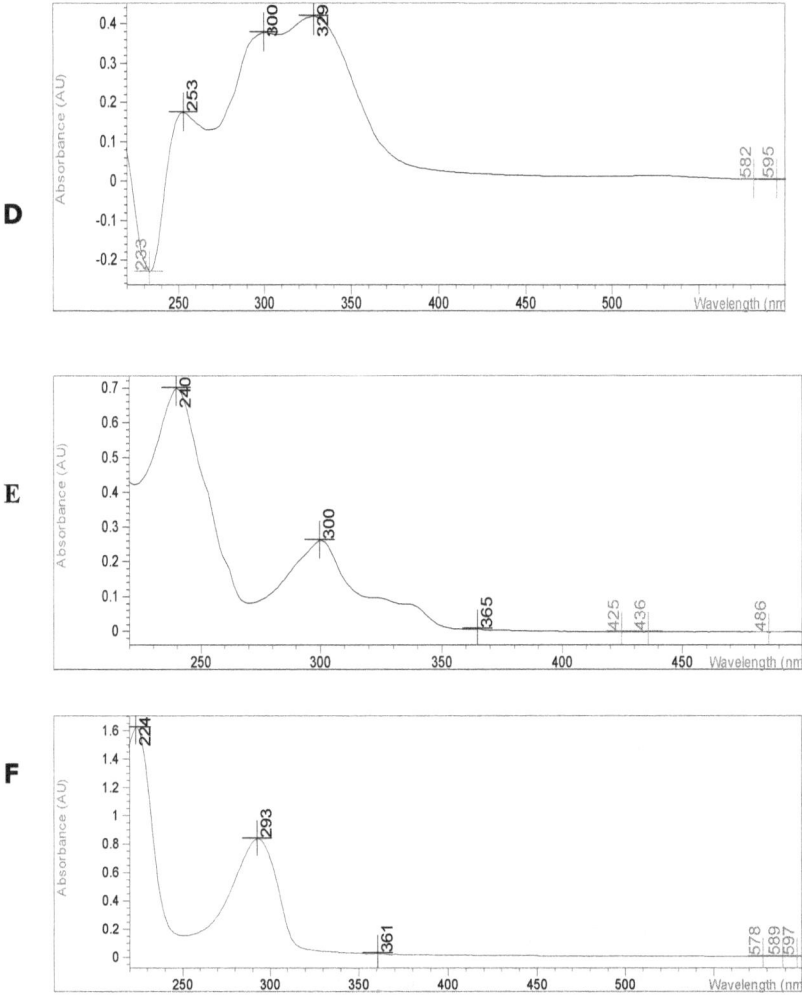

Figure II. 10 b : **Spectre UV des aglycones flavoniques identifiées chez les feuilles et les fleurs de *P. mamorensis*** (**D** : Acide chlorogénique **E** : Acide genticique, **F** : Non identifiée).

Ainsi, en comparant leurs différentes propriétés physiques et spectroscopiques avec celles de la littérature (Idrissi Hassani, 1985 ; Touati, 1985 ; Ribéreau-Gayon, 1968), nous avons pu identifier deux flavonols, le kaempférol (λmax : 263nm - 369 nm) et la quercétine (λmax : 256nm – 369nm). Nous rapportons ici pour la première fois la présence de ces flavonols chez les feuilles, les fleurs et la tige de *P. mamorensis*.

On peut résumer ces résultats comme suit :

Le flavonol le plus important chez *Pyrus* est la **Quercétine**, sa fluorescence est jaune en lumière U.V (Mabry *et al.*, 1970). Son comportement chromatographique est le suivant :

* Papier Wathman n°1, solvant (Acide acétique 60 %) Rf = 0.37 (Idrissi Hassani, 1985).

* Après le NEU 1%, la quercétine donne une couleur orange. (Idrissi Hassani, 1985, Touati, 1985)

* CCM sur silice (Silice gel pour TLC, type CAMAG 032.0001) (solvant : Chloroforme, Methanol, Eau, Acide acétique : 100, 15, 0.5, 0.3) Rf = 0.48

Série spectrale de la Quercétine isolée chez *P. mamorensis* (λ max)

MeOH neutre:	255 nm, 270 ép*, 294 ép, 369. (**Voir annexe 7**)
AlCl₃:	272nm, 304ép, 362, 452.
AlCl₃ + HCl 50%:	268nm, 301ép, 362, 424 nm.
NaOH (1N):	270 ép, 440nm. (Idrissi Hassani, 1985)
(* : Ép: épaulement)	

Le deuxième flavonol est le **Kæmpférol** qui est peu abondant dans les feuilles, et les fleurs de *Pyrus*, sa fluorescence est jaune en lumière U.V. ; son comportement chromatographique est le suivant :

* Papier Whatman n ° 1, solvant (Acide acétique 60 %) jaune Rf = 0.54

* Après le NEU, ce composé donne une couleur verte.

* CCM sur silice (Silice gel pour TLC, type CAMAG 032.0001) (solvant : Chloroforme, Méthanol, Eau, Acide acétique : 100, 15, 0.5, 0.3) Rf = 0.6.

Série spectrale du Kæmpférol isolée chez *P. mamorensis* (λ max).

MeOH neutre:	263nm, 350ép, 369nm. (Voir annexe 6)
Alcl3:	270nm, 304ép, 360ép, 430nm.

Alcl3 + Hcl: 270nm, 302ép, 359ép, 430nm
NaOH :   275nm, 323, 405nm

La quercétine est sans doute le composé phénolique le plus fréquent chez tous les végétaux. Ces deux flavonols (hydroxy-3flavones), sont les plus répandus dans la nature en plus de la myricétine. Ils présentent des propriétés antibactériennes, antifongiques et antioxydantes (Didry et *al.*, 1982 ; Ravn et *al.*, 1984 ; Hayase et Kato, 1984).

2.2. Les acides phénols.

Le chromatogramme sur papier Wathman n°1 des organes de *Pyrus* montre également des acides phénols, ces derniers sont bleus sous U.V, invisibles à l'œil nu que ça soit chez la feuille, la tige ou la fleur. Nous avons pu identifier **l'acide caféique** (λ max : **235 – 291– 316** nm) chez la feuille et la fleur et un deuxième acide phénol qui est **l'acide chlorogénique.** (λmax : **253 – 300– 328** nm) (Ribéreau-Gayon, 1968) et un 3ème qui est **l'acide gentisique** (λmax : **240 – 300** nm) (figure II.10 b).

Pour le produit (λmax: 293 nm) qui est en cours d'identification, nous pensons qu'il s'agit d'un acide coumarique. Cet acide coumarique à une couleur violette sous U.V. qui devient violet foncé après exposition à l'ammoniac (Ribéreau-Gayon, 1968).

D'autres flavonoïdes et acides phénols ont également été décelés dans les extraits. Une étude plus poussée est actuellement en cours pour leurs identifications.

Des études antérieures ont mentionné la présence de la quercétine, le kæmpférol, l'isorhamnétine et la limocitrine chez *Dryas octopeta* (Rosaceae) (Jay, 1975). Une autre étude, par HPLC, a été faite au Portugal sur *Pyrus communis*. (L. var. S. Bartolemeu) et a décelé l'existence de l'arbutine, la catechine, et l'acide hydroxycinnamique en proportions différentes (Ferreira, 2002). Chez une autre espèce, Docynia la chromatographie a montré l'existence de l'acide chlorogénique, des traces de l'acide *p* –coumaroylquinique, et l'arbutine (Challice, 1968). Cette dernière entre dans le mécanisme de défense de la plante contre l'invasion bactérienne. Chez *Pyrus communis*, des composés comme le kaempférol, l'isorhamnétine ont été signalés dans les fleurs (Rychliska et Gudej, 2002).

Tableau II. 5 : Principaux aglycones flavoniques identifiées chez *P. mamorensis* (Acide acétique 60%)

Classe des flavonoïdes	Molécules	Rf.	Fluorescence	λ. max dans le MeOH (nm)
Aglycones	Quercétine	0.37	jaune	256-369 nm
	Kaempférol	0.54	jaune	263-369 nm
Acides phénols	Acide phénolique (non identifié)	0.75	violette	293 nm
	Acide caféique	0.60	Bleu clair	235-291-316 nm
	Acide chlorogénique	0.28	Bleu foncé	253-300-329 nm
	Acide gentisique	0,71	Bleu	240-300 nm

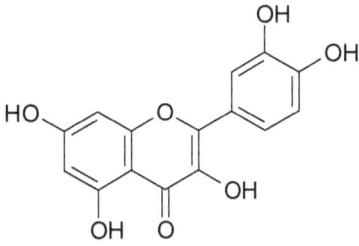

Quércétine

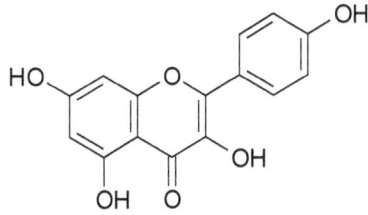

Kaempférol

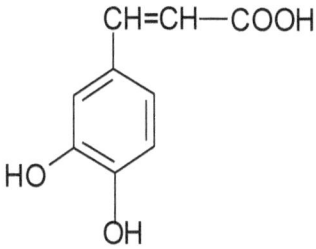

Acide caféique

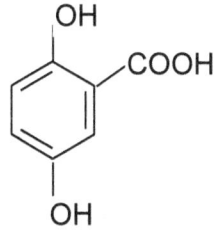

Acide genticique

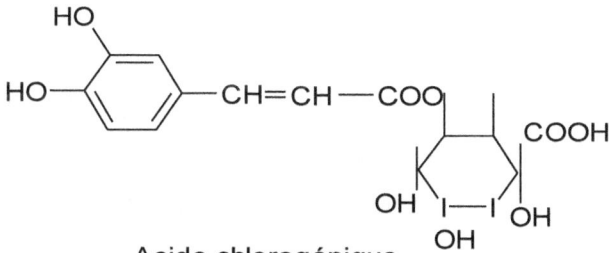

Acide chlorogénique

Figure II. 11: **Structures chimiques des aglycones flavoniques identifiées chez les feuilles, les fleurs et les tiges de *P. mamorensis***

2.3. Anthocyanes

Pour l'analyse qualitative, les chromatographies effectuées sur du papier Wathman n°1 avec du Forestal, à partir d'aliquotes de la phase butanolique, ont permis de mettre en évidence l'existence de deux bandes majoritaires de coloration pourpre et rose, chez les feuilles et la tige, tandis que chez les fleurs et les fruits, nous n'avons pas détecté des bandes visibles. Donc, en comparant leurs propriétés physiques (couleur, Rf, et séries spectrales) avec celles de la littératures (Idrissi Hassani, 1985 ; Ribéreau-Ribéreau-Gayon, 1968, Tahrouch et *al.*, 2002), nous avons pu identifier deux anthocyanidines chez les feuilles et la tige de *Pyrus*, ce sont la cyanidine et l'hirsutidine (Harbone, 1959) (figure II.12 et 13 et tableau II.6).

Tableau II. 6: **Les principaux anthocyanes identifiés chez *P. mamorensis***

Molécules	Rf.	Couleur	λ max (nm)	Déplacement en présence d'AlCl$_3$
Cyanidine	0.52	**Rose**	537	+10
Hirsutidine	0,79	**Pourpre (violet)**	546	+0

La plupart des pigments végétaux sont des anthocyanes, ces pigments responsables de la coloration des fleurs représentent des signaux visuels qui attirent des animaux pollinisateurs. D'autres polyphénols incolores tels que des flavonols et flavanones interagissent avec des anthocyanes pour altérer, par co-pigmentation, la couleur des fleurs et fruits (Brouillard et al. 1997).

En effet, les propriétés vasculoprotectrices de ces dérivés sont supérieures à celles de la rutine, utilisée en thérapeutique sous forme de dérivés hémisynthétiques hydrosolubles, et des flavonoïdes classiques. Des formulations pharmaceutiques contiennent soit uniquement des oligomères procyanidoliques (notamment extraits de pépins de raisin) soit des extraits totaux contenant ces composés en proportion importants (extrait de *Ginkgo biloba*). Des crèmes "anti-vieillissement" contenant des proanthocyanidines sont proposées en cosmétologie. La littérature montre également pour ces substances, un intérêt renouvelé lié aux propriétés antioxydantes et antiradicalaires.

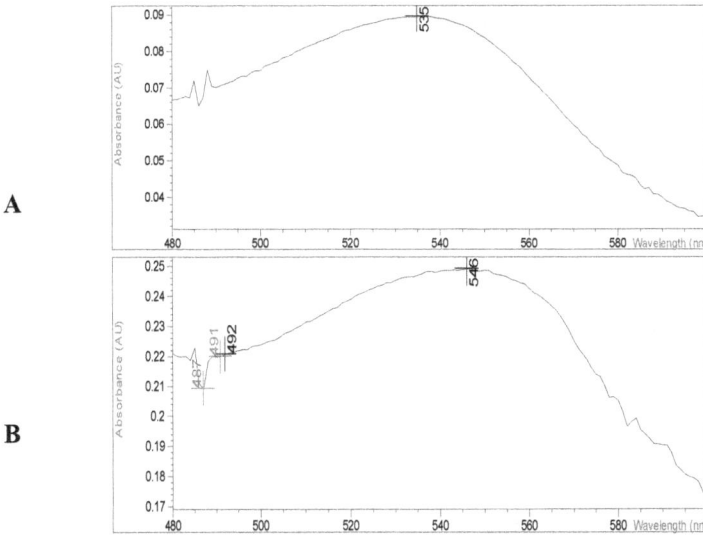

Figure II. 12 : **Spectres visibles des anthocyanes identifiées chez les feuilles et la tige de *P. mamorensis* (A : Cyanidine ; B : Hirsutidine)**

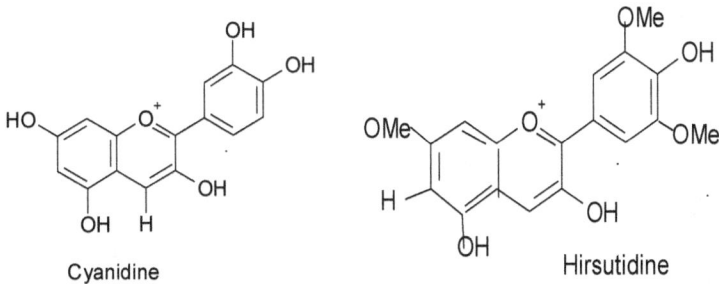

Figure II. 13: Structures chimiques des anthocyanes identifiées chez les feuilles et la tige de *P. mamorensis*

3- Etude des substances volatiles des feuilles, des fleurs, des fruits et des tiges de *P. mamorensis*

Les résultats obtenus par *CPG-SM*, ont montré l'existence de diverses substances présentes au niveau de différents organes de *P. mamorensis*, et qui sont rapportés dans le tableau ci-dessus (tableau II.7) :

L'analyse des composés volatils de cette plante a mis en évidence trente et un composés volatils appartenant à différentes classes (monoterpènes ($C_{10}H_{16}$), sesquiterpène ($C_{15}H_{24}$), cétones, aldéhydes,...) et répartis entre les différents organes analysés de la plante.

Chez les feuilles, le composé majoritaire est l'estragol (83,09 %). Pour les tiges ce sont l'hexadécane (36,92%) et l'allyl hexanoate (29,39%) qui sont majoritaires. Pour les fruits ce sont le benzyl butanoate (20,59%) et l' hexadécane (11,43%). Les fleurs sont très riches en limonène (monoterpènes) (30,12%), et en hexadécane (18,88%).

Certains composés sont spécifiques aux **feuilles** comme le 1-8 cinéole, le linalool, l'estragol, l'acétate de bornyle, le méthyleugénol, le benzoate d'hexyle, le benzoate d'hexenyle,

D'autres composés caractéristiques sont spécifiques à **la fleur** (ne sont détectés que chez la fleur) tels que : le nonane, le sabinène, le β–pinène qui sont des monoterpènes, non oxygénés bicycliques (Lamarti et *al.*, 1993), le δ–terpinène, l'anethol, l'asarone, le δ-cardinène.

Chez la **tige**, il y a des composés qui ne sont pas présents dans les autres organes à savoir : le myrcène (monoterpènes), l'allyl hexanoate, le tridécane, le dodécane. Quant au **fruit**, il est plutôt caractérisé par : le nonanal, l'undécane, le thymol, le tétradécane, et le benzyl butanoate (tableau II.7).

Le camphre est le seul composé monoterpènique qui existe en commun à tous les organes de *P. mamorensis* avec des teneurs qui évoluent généralement selon un gradient décroissant de la tige vers les feuilles les fruits et les fleurs. Certains monoterpènes des fleurs joueraient un rôle attractif et favoriseraient donc la pollinisation des plantes. (Borg-Karlson, et *al.*, 1996).

Tableau II. 7 : Composés volatiles **de différents organes de** *P. mamorensis* **extraits par l'éther éthylique.** (Les pourcentages sont exprimés par rapport à la surface des pics)

Composés Volatiles	IK (indice de Kovats)	Feuille (%)	Tige (%)	Fruit (%)	Fleur (%)
Monoterpènes non-oxygenées					
sabinène	971	-	-	-	1,2
β –pinène	976	-	-	-	0,80
myrcène	991	-	1,17	-	-
ρ –cymène	1024	-	2,04	4,48	-
limonène	1029	-	6,65	11,04	30,12
δ –terpinène	1058	-	-	-	1,2
Monoterpènes oxygénées					
1-8 cineole	1032	7,73	-	-	-
Linalool	1098	0,81	-	-	-
Camphor	1145	1,86	1,47-	4,50-	5,22-
Thymol	1287			7,19	
acétate de bornyle	1290	0,58-	-		-
Sesquiterpèes non-oxygénées					
δ cardinène	1421	-	-	-	1,61
isocaryophyllène	1431	0,89	-	-	14,86
β –caryophyllène	1441	1,76	4,25	-	8,84
β –farnesène	1451	1,65	-	-	-
Alcanes					
nonane	900	-	-	-	1,2
undécane	1100	-	-	2,63	-
dodécane	1200	-	3,61	-	-
tridéane	1300	-	2,23	8,52	-

tetradécane	1400	-	-	9,89	-
Pentadécane	1500	1,14	10 ,18	11,03	
hexadécane	1600		36,92	11,43	18,88-
Aldehydes					
nonanal	1079	-	-	3,16	-
décanal	1204	-	2,04	-	-
Allyl alkoxybenzène dérivés					
Estragol	1190	83,09	-	-	-
Anéthol	1290	-	-	-	5,62
Methyeugénol	1390	4,63	-	-	-
Esters					
allyl héxanoate	1080	-	29,39	-	-
Autres composés					
benzyl butanoate	1335	-	-	20,59	-
E-3 hexenyle benzoate	1534	0,94	-		-
hexyle benzoate	1576	0,85	-	-	-
Total en % des composés identifiés	-	105,93	99,95	94,46	89,55

L'arbre de _P. mamorensis_ est riche en monoterpènes et en sesquiterpènes, qui sont souvent regroupés sous le vocable d'huiles essentielles et ont une utilisation importante dans les industries du parfum, de la cosmétique ou de la pharmacie, ainsi cette espèce endémique de la Mamora pourrait trouver un débouché possible dans ce domaine après multiplication en pépinière.

L'étude des composés volatils de différentes parties du poirier sauvage, effectuée pour la première fois, a permis de mettre en évidence plus d'une trentaine de constituants volatils qui ont des activités différentes citant par exemple : le limonène, bêta-pinène, nonanal qui sont utilisés comme antiseptique, anti-inflammatoire, cicatrisant, favorisant la digestion et anti-infectieux (Willem, 2002 ; Bowles, 2004). Les terpinènes qui sont des cicatrisants, expectorants, antiviraux, anti-inflammatoires et anti-stress. L'anéthol, l'estragol, le camphre, le cinéole ont une action anti-dépressive antispasmodique, antivirale, et stimulent la mémoire. En effet, d'après les travaux de Obeng-Ofori et *al.*, (1997), le 1-8 cinéole au contact avec les insectes agit en bloquant la synthèse de l'hormone juvénile. Il inhibe l'acétyl-chlolinestérase en occupant le site hydrophobique de cet enzyme qui est très actif. Il inhibe également le développement des œufs, des larves et de la nymphe.

De nombreux auteurs ont montré que le pinène peut avoir un pouvoir antimicrobien, insecticide, fongicide et bactéricide (Kambu et *al.*, 1982; Bamba et *al.*, 1993; Taylor et Vickery 1995; Obeng-Ofori et *al.*, 1997; Oyedeji et *al.*, 1999; Cimanga et *al.*, 2002; Ling et *al.*, 2003).

Ces composés volatils sont même utilisés pour la lutte contre les pathogènes. En effet, des études effectuées dans ce sens ont montré l'effet antifongique des composés volatils (limonène, cinéole, β myrcène, α pinène, β pinène et le camphre) des fruits mûrs de *Prunus persica* et *Pyrus communis* contre *Botrytis cinerea* (Wilson et *al.*,1997).

Les principaux acides phénoliques sont les acides hydroxycinnamiques, ubiquitaires dans les fruits et légumes. L'acide caféique est principalement présent sous forme d'ester dans l'acide chlorogénique dont le café représente l'une des principales sources (Clifford, 1999). L'acide férulique est très abondant dans les céréales où il se trouve estérifié aux polyosides pariétaux.

Certains polyphénols sont qualifiés de phyto-estrogènes car ils présentent une affinité marquée pour les récepteurs des œstrogènes et pourraient agir chez l'homme comme agoniste ou antagoniste des œstrogènes endogènes (Kuiper, 1998). Des données expérimentales et épidémiologiques suggèrent un rôle protecteur de ces composés contre le cancer du sein et de la prostate ainsi que l'ostéoporose (Adlercreutz et Mazur, 1997). On distingue deux principaux types de phyto-estrogènes apportés par les aliments, les isoflavones et les lignanes. L'unique source d'isoflavones est le soja très consommé surtout dans les pays d'Extrême-Orient et dont les principales classes d'isoflavones sont des glucosides de génistéine, daïdzéine et glycérine. Ces différents flavonoïdes peuvent être directement absorbés au niveau intestinal ou bien métabolisés par la microflore colique.

Il a déjà été signalé chez le genre *Pyrus* en général, la richesse des feuilles en flavonoïdes, plus particulièrement au niveau du bois de cœur une présence significative des dihydrochalcones et des flavones (Harborne, 1975). D'autres études ont affirmé que certaines espèces de poires révèlent des quantités significatives de polyphénols. Il est aussi reconnu que l'astringence de certaines d'entre elles, était la conséquence directe de la présence de procyanidines (tanins).

Des recherches ont exploré l'activité anti-ulcèreuse des polyphénols (notamment les procyanidines) en examinant l'effet de ces composés extraits à partir de poires sur les lésions gastriques induites par l'éthanol chez les rats. Ces polyphénols ont été extraits, concentrés et lyophilisés puis resolubilisés et administrés par voie orale 30 min avant l'administration de l'éthanol 60% acidifié chez les cobayes. L'effet des procyanidines extraites de poires a été comparé avec celui de l'acide chlorogénique. Alors que l'acide chlorogénique semble ne pas avoir d'effet visible (comme pour le témoin, une large zone sombre de lésion était clairement visible), les procyanidines extraites de poires semblent protéger efficacement l'estomac. La forte liaison avec les protéines de la muqueuse gastrique et la protection antioxydante déployée localement pourraient expliquer cet effet protecteur. Cette étude tente de rassembler de nouvelles informations dans le but de corroborer les théories avancées sur le mécanisme anti-ulcère (Yasunori et *al.*, 2007).

Cette richesse en polyphénols explique le fait que la plupart des espèces appartenant à la famille des Rosaceae sont réputés être des plantes médicinales.

V. Conclusion

Les analyses qualitatives et quantitatives menées sur différents organes de *P. mamorensis* : feuilles, tiges, fleurs et fruits ont abouti à des résultats intéressants. En effet, le screening phytochimique de *P. mamorensis,* combinant différents tests fait l'originalité de cette étude (plante étudiée pour la première fois).

Notre travail constitue alors une contribution à la connaissance de cet arbre endémique de la forêt de la Mamora. Elle a permis d'avoir une vue synoptique des différentes classes de composés chimiques de ses extraits et de rendre compte de leurs propriétés médicinales éventuelles.

De ce fait, l'ensemble des résultats du screening phytochimique a montré la richesse de *P. mamorensis* en :

• Composés secondaires tels que les flavonoïdes. Il a aussi décelé la présence des coumarines, de saponines, des tanins catéchiques et galliques et de terpènes.

Cette plante est également très riche en anthocyanes dont la cyanidine et la hirsutidine et en aglycones flavoniques, dont les plus importants sont la quercétine et le kaempférol, ainsi que les acides phénoliques, comme l'acide caféique, l'acide chlorogénique et l'acide gentisique.

• *P. mamorensis* est exempt d'alcaloïdes et de composés cyanogéniques, ce qui la rend soumise au pâturage intensif, et explique sa dégradation au cours du temps.

• Des études plus approfondies sont en cours pour mieux cerner les composés de cette plante.

La richesse de cette plante en composés secondaires prouve la particulière efficacité de ces molécules comme substances répulsives et/ou toxiques. Quant au rôle des composés phénoliques, on en conclut qu'ils sont des produits naturels antioxydants qui interviennent de façon déterminante dans l'adaptation des plantes à leur environnement ainsi qu'à leur protection contre les ennemis.

Les résultats de notre étude sur les substances volatiles des différents organes de *P. mamorensis* ont permis de mettre en évidence l'existence et l'identification d'une trentaine de composés volatils présents chez l'un ou l'autre des quatre organes étudiés. La plupart de ces composés sont d'ailleurs très recherchés surtout en industrie alimentaire, pharmaceutique, phytopathologie ou en cosmétologie. Cette étude a par ailleurs montré que *P. mamorensis* est une plante médicinale potentielle à chémotype estragol.

TROISIEME CHAPITRE

ETUDE DE L'ACTIVITE ANTIFONGIQUE DES EXTRAITS

DE

Pyrus mamorensis

I. Introduction

Les pertes en quantité et en qualité des fruits et légumes survenant en post récolte provoquent d'énormes déficits économiques à l'échelle mondiale. Ces pertes sont principalement causées par des champignons, en attaquant les denrées à travers les blessures ou les infections latentes qui ont lieu durant la période de post récolte (Arras et *al.*, 1994).

Au Maroc, l'agrumiculture occupe une place privilégiée tant sur le plan économique que social. Les exportations d'agrumes constituent une source importante de devises allant jusqu'à 2,5 à 3 milliards de dirhams par an, en plus des nombreux postes de travail que ce secteur génère (Ait-Oubahou, 2006).

Parmi les contraintes à l'exportation, les attaques par les champignons en post-récolte occupent la tête de liste puisqu'ils peuvent occasionner jusqu'à 90% des pertes totales après récolte. Durant ces périodes, les fruits notamment des Rosaceae, sont généralement touchés par ces pathogènes à travers les plaies superficielles infligées. (Arras, 1994).

Parmi les champignons pathogènes en post récolte, le genre *Penicillium* est l'un des groupes les plus connus, il renferme des espèces de type moisissure appartenant au phylum des Ascomycètes (figure III.1). C'est un champignon filamenteux à thalle vert ou blanc dont le conidiophore ramifié présente une forme ressemblant à celle d'un pinceau et dont les conidies sont disposées en longues chaînes (Botton, 1985). Ce genre comprend entre 100 et 250 espèces (Carlos, 1982).

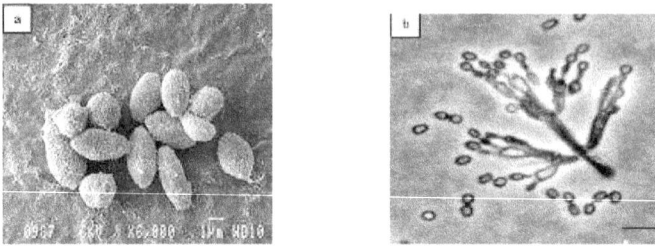

Figure III. 1 : Structures de reproduction de *Penicillium digitatum* (Morgan, 2006)
a) Spores   b) Conidiophore (Barre= 1μm)

Les champignons du genre *Penicillium* sont responsables de plus de 80 % des pourritures des agrumes, une grande majorité d'espèces et variétés y sont sensibles. Ces champignons universels sont omniprésents tout au long de la chaîne, depuis le verger jusqu'aux réfrigérateurs domestiques (Brown et Eckert, 1988).

L'espèce *Penicillium digitatum* est responsable de "la pourriture verte" des agrumes (figure III. 2), nommée ainsi à cause de la couleur verdâtre de ses spores, qui en fin de son évolution couvrent la totalité des fruits atteints (Carlos, 1982). Ce champignon est classé comme un parasite strictement de blessure, du fait de son incapacité de pénétrer les épidermes intacts (Whiteside et *al.*, 1993).

Fruit sain   Fruit attaqué

Figure III.2: Fruit de clémentine attaqué par *Penicillium digitatum*

Les possibilités de contamination au verger par cet agent existent, mais l'essentiel des infections survient à la récolte, à l'entreposage, à l'emballage ou encore durant les étapes suivantes de la commercialisation et de la consommation. (Brown, 1974).

L'espèce **Penicillium expansum** est un agent de pourriture bleue des fruits notamment de Rosaceae (pommiers et poiriers) pouvant engendrer en plus de la détérioration du fruit, la production d'une mycotoxine cancérigène: la patuline (John Pitt, 1985). Cette espèce peut contaminer les formes les plus finies des produits telles que les jus de fruits et les compotes (figure III.3).

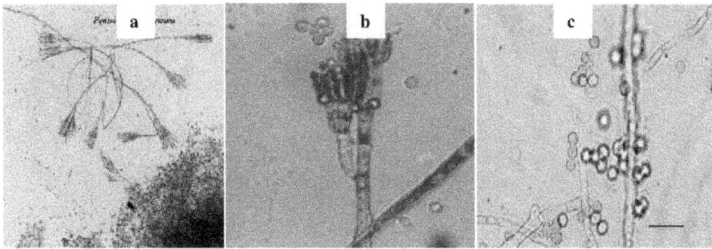

Figure III. 3 : Structures de reproduction de *Penicillium expansum*
(John Pitt, 1985).   a et b) conidiophores   c) Spores (Barre= 1µm)

Les zones pourries sont molles imbibées de liquide et de couleur brun clair. La surface des lésions plus anciennes peuvent être couverts par des spores bleu-vert (figure III.4). Les spores de moisissure bleue peuvent facilement survivre d'une saison à l'autre, sur les bacs, où le champignon peut se développer et produire de grandes quantités de spores. La contamination par ces spores peut provenir de diverses autres sources, y compris des sols des vergers et des fruits en décomposition ou de l'air.

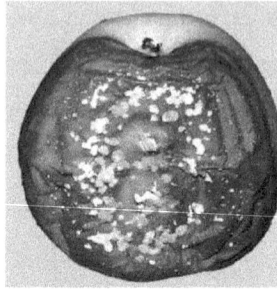

Figure III.4: **Fruit de pomme attaqué par** *Penicillium expansum*

Une autre espèce fongique à laquelle nous nous intéresserons et qui est aussi parmi les plus fréquentes en post-récolte : ***Geotrichum citri-aurantii.*** C'est une espèce à thalle se caractérisant par une croissance rapide (7 cm de diamètre en 7 jours sur MEA à 24°C), blanc souvent d'aspect membraneux ou velouté et à embranchements dichotomiques de 7 à 11 μm d'épaisseur (figure III.5). Ses conidies, cylindriques en forme de tonneau, se forment par désarticulation des hyphes fertiles, les chaînes sont le plus souvent aériennes (Botton, 1985).

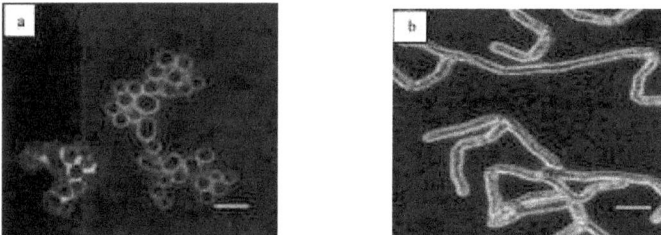

Figure III.5 : Structures de reproduction de *Geotrichum citri-aurantii*
(Botton, 1985). a) Conidies b) chaînes d'arthrospores blanches grises. (Barre = 1μm)

Ce champignon, induit l'une des plus importantes et nauséabondes pourritures des agrumes dite « la pourriture amère » (figure III.6). Cette dernière est rencontrée chez toutes les variétés, mais elle est plus fréquente chez les groupes des citrons et des pomelos.

114

Geotrichum citri-aurantii est un champignon du sol qui contamine les fruits tombés à terre ou en contact avec des particules de terre souillant les caisses de récolte surtout lors des périodes pluvieuses (Boudoin et Ecket, 1982).

Figure III.6: Fruit de clémentine attaqué par *Geotrichum citri-aurantii*

Le contrôle de ces pourritures s'est basé sur l'utilisation des antifongiques synthétiques (Eckert et Ogawa, 1985). Ces produits dont le rôle est incontestable, ont constitué un énorme progrès dans la maîtrise des ressources alimentaires et ont permis, par ailleurs, la protection des cultures contre d'éventuelles attaques de ces ennemis. Cependant, la multiplication des troubles de la reproduction chez les animaux, le risque pour la santé humaine ainsi que les dangers liés aux phénomènes de la résistance ont montré de façon spectaculaire les limites et les dangers face à l'utilisation de ces produits aussi bien sur l'homme que sur l'environnement (Norman, 1988).

De ce fait, la tendance alimentaire est en train d'opérer un retour au naturel et en particulier aux produits de « l'agriculture biologique » se manifestant par l'augmentation de la demande de denrées issues des cultures « *BIO* » qui ne subissent pas de traitements chimiques (pesticides synthétiques), ni de manipulations génétiques.

Par ailleurs, les plantes constituent un réservoir important de composés naturels dont la plupart ne sont pas encore identifiés. De plus, les propriétés biologiques de

115

ces composés naturels, surtout leurs effets éventuels sur les micro-organismes comme les champignons et les bactéries, ne sont pas totalement élucidés. Ainsi, les recherches se sont développées pour découvrir de plus en plus de molécules à activité biologique. D'où l'intérêt des pesticides (antifongique, bactéricides…) d'origine naturelle au lieu des molécules synthétiques : les bio-pesticides qui constitueraient la pierre angulaire de la « lutte intégrée» garantissent la préservation aussi bien du consommateur que l'environnement.

C'est dans cette optique que nous avons envisagé de développer ce volet, dans le cadre de cette partie de notre travail, visant à mettre en évidence l'activité antifongique des substances naturelles de *P. mamorensis,* en testant différents extraits de cette plante sur trois champignons phytopathogènes : *Penicillium expansum, Penicillium digitatum* et *Geotrichum citri-aurantii.*

II. Matériels et méthodes
1. Matériel végétal

Le même matériel végétal utilisé dans les précédentes expériences est utilisé dans cette partie. Ce matériel végétal comprenant différents organes de *P. mamorensis* : feuilles, fleurs, fruits et rameaux (tiges), ayant été récoltés du site d'étude et séchés à l'ombre et à la température ambiante dans une pièce aérée. Durant l'opération du séchage, les échantillons sont brassés chaque jour surtout au début pour faciliter celui-ci. Pour bien les conserver, ces échantillons ont été immédiatement stockés dans des sacs en papier bien fermés jusqu'à utilisation.

2. Préparation des extraits naturels

Les échantillons (feuilles, fleurs, fruits et rameaux de tige) sont broyés en utilisant un moulin électrique ensuite, ils sont extraits au soxhlet simultanément avec 5 solvants différents à polarité croissante : l'éther de pétrole (**ETP**), l'hexane (**HEX**), chloroforme (**CLF**), l'acétate d'éthyle (**ACE**) et le méthanol (**MET**). Les quantités

116

des broyats utilisées varient de 50 à 100g selon l'organe étudié et la capacité de la cartouche d'extraction utilisée (filtre d'extraction en cartouche, voir annexe 8).

L'extraction des substances naturelles, à partir de chaque partie de la plante, a été réalisée par une méthode préconisée par la pharmacopée française en utilisant **le soxhlet** (voir annexe 8). Plusieurs cycles de distillation au soxhlet ont été effectués de manière à s'assurer qu'on a extrait le maximum de substances du broyat (le solvant d'extraction devient limpide). Les extraits finaux sont ensuite obtenus après concentration et élimination du solvant d'extraction par évaporation au « rotavapor » dans des flacons appropriés.

3. Activité antifongique

L'étude de l'activité antifongique de différents extraits obtenus est conduite à travers des tests antifongiques. Cette activité antifongique est évaluée par la technique de dilution sur l'Agar en utilisant des cultures de champignons. (Morris *et al.*, 1978 et Van Gestel J., 1991).

3.1. Espèces testées

Penicillium expansum, Penicillium digitatum et *Geotrichum citri-aurantii*, trois isolats de champignons phytopathogènes ont été utilisés dans les tests de l'activité antifongique.

Ils ont été isolés à partir des fruits de clémentine et de pomme pourris. Des rondelles de mycélium (5 mm de diamètre prélevées à l'aide d'un emporte-pièce) de culture jeune de 7 jours de chaque champignon, ont été placées au centre de chaque boite afin d'obtenir une seule colonie.

3.2. Préparation du milieu de culture

L'étude de l'activité antifongique des extraits naturels de *P. mamorensis* a été conduite sur un milieu gélosé, en solubilisant les extraits dans le DMSO

(Diméthylsulfoxide) pour garantir une meilleure dispersion dans le milieu et par conséquent une meilleure homogénéisation. (Morris et *al.*, 1978).

Pour ce faire, les extraits sont pesés dans une enceinte stérile puis mis en solution dans le DMSO ensuite incorporés au milieu de culture stérilisé (voir composition en annnexe 3) et maintenu à l'état liquide à la température de 45°C au bain-Marie. Trois concentrations de chaque extrait ont été testées : 500ppm, 750ppm et 1000ppm. Les milieux sont ensuite distribués dans des boîtes de Pétri de 90mm de diamètre, à raison de 15 à 20ml par boîte. Après solidification du milieu, chaque boîte est inoculée à l'aide d'explant mycélien d'environ 5 mm de diamètre prélevé à partir d'une zone de croissance optimale provenant d'une culture mère du champignon (culture âgée d'une semaine). Après inoculation, les boîtes sont ensuite incubées à 25°C à l'obscurité pendant une période de 7 jours durant laquelle le suivi de la croissance des champignons testés est effectué, chaque jour jusqu'à la fin de la période d'incubation. Les tests sont réalisés à raison de trois répétitions par extrait et par concentration (Awuah, 1989). On a aussi testé un mélange composé de l'extrait de la tige au méthanol plus l'extrait de l'acétate d'éthyle du fruit à une concentration de 1000 ppm.

3.3. Evaluation de l'effet *in vitro* des extraits sur la croissance mycélienne

L'effet antifongique de chaque extrait de *P. mamorensis* à une concentration donnée est évalué en mesurant la croissance mycélienne du champignon sur le milieu de culture contenant la substance naturelle testée. Cette estimation est effectuée en mesurant le diamètre des colonies formées à partir du disque inoculant suivant deux directions perpendiculaires. Le pourcentage d'inhibition (**E%**) de la croissance mycélienne est alors déterminé par rapport au témoin selon la formule ci-après (Leroux et Gredet, 1978 et Van Gestel J., 1991).

Calcul du pourcentage d'inhibition **E%** selon la formule :

$$E(\%) = \frac{X - Xi}{X} \times 100$$

X : Diamètre moyen de la croissance du champignon sur le milieu de culture sans extrait : témoin (croissance normale).

Xi: Diamètre moyen de la croissance du champignon en présence de l'extrait (estimation de l'inhibition de la croissance).

L'analyse statistique des résultats obtenus, est réalisée à l'aide du logiciel de statistiques (*Statistica 6.1*) en utilisant le test LSD (*low significat difference*) pour déterminer les seuils de signification.

III. Résultats et discussion

Les expériences réalisées dans le cadre de ce travail ont porté sur le test biologique visant la recherche des effets antifongiques des extraits naturels (à une concentration de 500 ppm, 750 ppm et 1000 ppm) de différents organes de *P. mamorensis* obtenus en utilisant différents solvants organiques d'extraction (éther de pétrole **ETP**, hexane **HEX**, acétate d'éthyle **ACE**, chloroforme **CLF** et méthanol **MET**) sur les trois champignons pathogènes des cultures : *Penicillium expansum*, *Penicillium digitatum* et *Geotrichum citri-aurantii*.

Les résultats présentés ci-après, concernent le test, ayant abouti à des effets antifongiques significatifs sur lesdits champignons. En effet, d'une manière générale, les extraits obtenus à partir des feuilles de *P. mamorensis* ont montré des propriétés antifongiques notables comparés aux autres organes de la plante. C'est la concentration de 1000 ppm de ces extraits qui a engendré ces effets, contrairement aux concentrations de 500 et 750 ppm auxquelles les champignons testés sont restés indifférents. C'est pour ces raisons, que les résultats relatifs aux tests réalisés avec les extraits de feuilles et à la concentration de 1000 ppm ont été retenus pour cette partie de notre travail.

Cependant, nous nous sommes contentés de présenter les résultats des tests des extraits des autres organes (tige, fleur et fruit) à titre d'exemple chez *P. expansum,* d'une part, pour montrer le comportement et le profil de leurs effets sur ce champignons et d'autre part, pour mettre en relief les résultats des tests réalisés sur les mélanges d'extraits, notamment ceux du mélange d'extraits ayant donné des résultats intéressants se manifestant par des effets antifongiques hautement significatifs. Les figures III.7, 8, 9 et 10 présentent l'ensemble des résultats des tests relatifs à la recherche d'effets antifongiques des extraits de *P. mamorensis* sur les champignons.

1. Effet des extraits de feuilles sur *Geotrichum citri-aurantii*

Les résultats de l'effet des extraits des feuilles de *P. mamorensis* sur *Geotrichum citri-aurantii* exprimés en pourcentage (%) d'inhibition de la croissance mycélienne sont présentés dans la figure III.7.

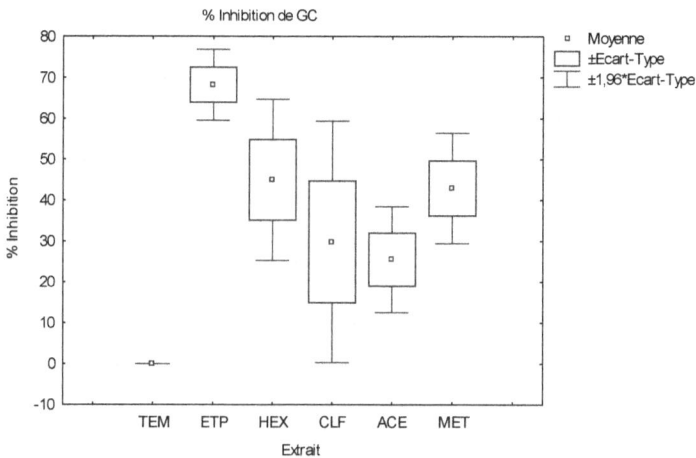

Figure III.7: Effets des extraits de feuilles de *P. mamorensis* (à 1000 ppm), à l'éther de pétrole (ETP), à l'hexane (HEX), au chloroforme (CLF), à l'acétate d'éthyle (ACE) et au méthanol (MET) sur la croissance mycélienne de *Geotrichum citri-aurantii* par rapport au témoin (TEM).

Comme nous l'avons déjà signalé, l'activité antifongique n'a été détectée qu'à la concentration de 1000 ppm de l'extrait ; cette activité est généralement variable selon le type d'extrait testé (relativement au solvant d'extraction).

Nous retenons particulièrement, chez ce champignon, que l'extrait **ETP** de feuilles a engendré une inhibition de presque 70 % de sa croissance alors qu'il a diminué de 44 % sous l'effet de l'extrait **MET** (figure III.7). Par ailleurs, des pourcentages d'inhibition de la

croissance de *G. citri-aurantii* relativement comparables ont été observés suite à l'application des extraits **ACE** et **CLF** avec des taux d'inhibition respectifs de 25 % et 29 %.

Geotrichum citri-aurantii est l'un des champignons les plus redoutables en post- récolte, il s'attaque surtout aux fruits et aux légumes pendant cette phase de la production (Botton et *al.*, 1985). Ce champignon, étant répandu dans tous les milieux (le sol, l'eau et l'air), il peut s'attaquer à une large gamme de denrées (le pain, les produits laitier...etc) et peut parfois être pathogène pour l'Homme et l'animal.

La seule prévention contre ses infections reste toujours la lutte chimique, par l'utilisation de fongicide de synthèse. Pour cela, la lutte biologique et surtout l'utilisation de substances naturelles dont les propriétés antifongiques sont démontrées est d'un grand secours dans la réduction et pourquoi pas dans l'éradication des infections fongiques des fruits et des légumes.

Les extraits **ETP** de feuilles de *P. mamorensis* à la concentration de 1000 ppm, ont engendré l'inhibition de 70 % de la croissance mycélienne de *Geotrichum citri-aurantii* et étant donné que « l'éther de pétrole » permet l'extraction par excellence des composés phénoliques tels que l'acide phénolique, les terpènes et les coumarines (Cowan, 1999) contrairement à l'acétate d'éthyle qui est essentiellement utilisé pour l'extraction des flavonoïdes et des saponosides (Cowan, 1999). Ceci nous laisse présager que la présence des acides phénoliques seraient responsables en premier lieu de l'activité antifongique détectée chez ces extraits.

2. Effet des extraits de feuilles sur *Penicillium digitatum*

La figure 33 présente les résultats des tests de l'activité antifongique des extraits de feuilles de *P. mamorensis* sur la croissance mycélienne de *P. digitatum*.

Les graphiques en « boite de moustache » montrent que la croissance du champignon testé se trouve inhibée en présence de l'extrait **ETP** avec un taux de croissance d'environ 38 % de moins par rapport au témoin (figure III.8). Quant aux autres extraits, ils ne montrent pas d'effets notables contre *P. digitatum* au point que les faibles pourcentages d'inhibition enregistrés varient entre 15 % et 19 %.

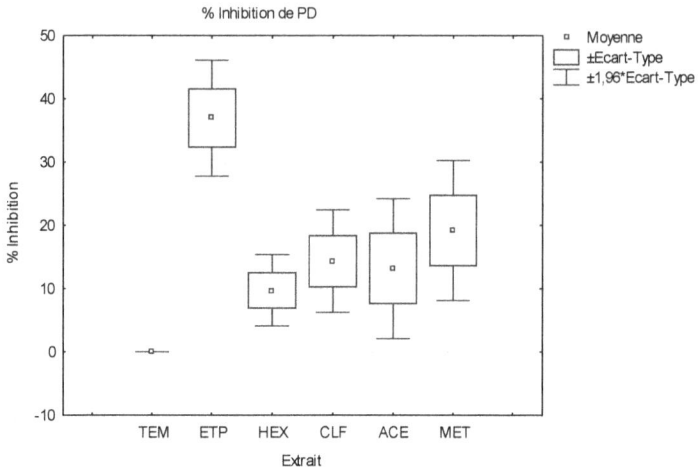

Figure III.8: Effets des extraits de feuilles de *P. mamorensis à 1000 ppm*, à l'éther de pétrole (ETP), à l'hexane (HEX), au chloroforme (CLF), à l'acétate d'éthyle (ACE) et au méthanol (MET) sur la croissance mycélienne de *Penicillium digitatum* par rapport au témoin (TEM).

De même, les résultats de ces tests ont montré quant à *Penicillium digitatum* que l'activité antifongique est fort probablement liée à la présence des composés phénoliques (acides phénoliques en l'occurrence) puisque c'est encore l'extrait **ETP** de feuilles qui a engendré des effets antifongiques significatifs contre ce champignon.

Les mêmes affirmations ont été avancées précédemment concernant les effets de l'extrait **ETP** chez *G. citri-aurantii.*

3. Effet des extraits des feuilles sur *Penicillium expansum*

Pour *Penicillium expansum*, les résultats de l'effet des l'extraits de feuilles de *P. mamorensis* sont rapportés dans la figure III.9.

Ce champignon semble être plus sensible aux extraits **ACE** et **MET**. En effet, ces derniers ont causé de fortes pertes de croissance chez *P. expansum* avec des inhibitions enregistrées de la croissance mycélienne frôlant les 50 % (précisément 49 % pour l'extrait **ACE** et 46,6 % pour l'extraitt **MET**).

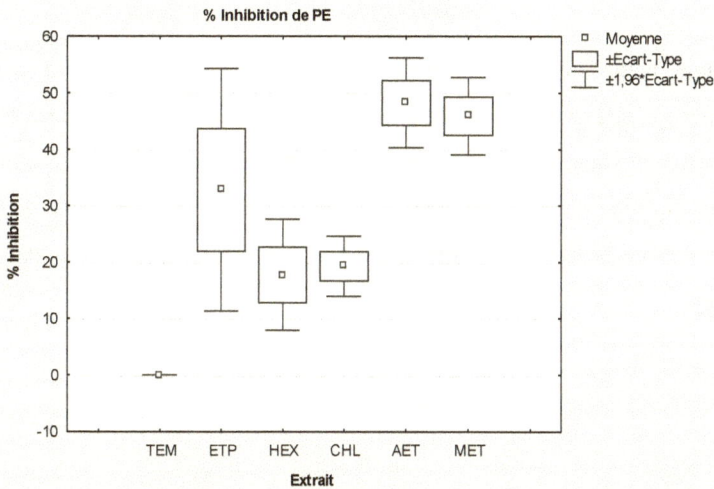

Figure III.9 : Effets des extraits de feuilles de *P. mamorensis,* à l'éther de pétrole (ETP), à l'hexane (HEX), au chloroforme (CLF), à l'acétate d'éthyle (ACE) et au méthanol (MET) sur la croissance mycélienne de *Penicillium expansum* par rapport au témoin (TEM).

A ces effets, s'ajoute celui de l'extrait **ETP** qui a engendré une inhibition de la croissance chez ce champignon relativement comparable à celle observée chez *P. digitatum* en présence de cet extrait, avec un taux de 35 % d'inhibition contre 38 % respectivement chez *P. expansum et P. digitatum.*

Ces résultats montrent clairement que, contrairement à ce qui est observé chez les deux premiers champignons testés (*G. citri-aurantii* et *P. digitatum*) pour lesquels les composés phénoliques auraient joué un rôle prépondérant dans l'activité antifongique, *P. expansum* serait plutôt plus sensible aux effets antifongique probablement liés aux flavonoïdes (substances extraites par l'acétate d'éthyle) présents dans ces extraits.

4. Effet des extraits naturels des organes de *P. mamorensis* et d'un mélange d'extraits sur *Penicillium expansum*

La figure III.10, regroupe les résultats de l'effet des extraits naturels des organes de *P. mamorensis* ainsi que celui du mélange d'extrait testés sur *Penicillium expansum*.

Comme nous l'avons déjà précisé, les expériences relatives à ces tests antifongiques sur *P. expansum* ont été retenues à titre d'exemples pour deux raisons : *i)* pour montrer le comportement de ce champignon vis à vis des extraits des autres organes de *P. mamorensis*, à savoir : les fleurs, les tiges et les fruits ; *ii)* pour valoriser le résultat hautement significatif abouti avec un mélange de ces extraits sur *P. expansum*.

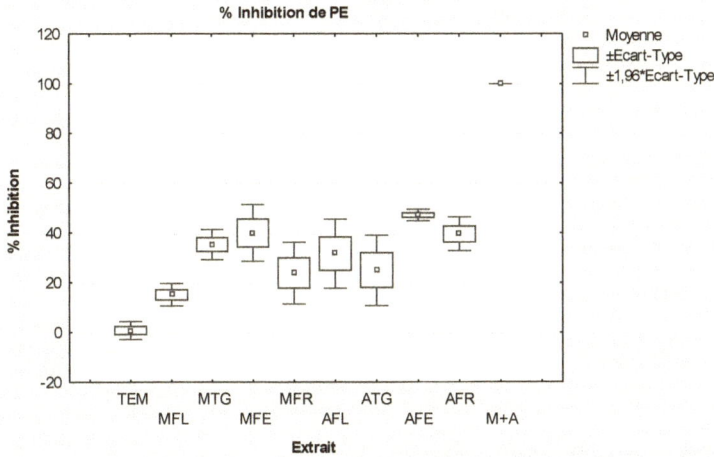

Figure III.10 : **Effets des extraits naturels de** ***P. mamorensis*** **au** <u>**méthanol**</u> **(fleurs MFL ; tiges MTG ; feuilles MFE et fruits MFR), à** <u>**l'acétate d'éthyle**</u> **(fleurs AFL ; tiges ATG ; feuilles AFE et fruits AFR) et** <u>**du mélange des extraits**</u> **de la tige au méthanol et du fruit à l'acétate d'éthyle (M+A) sur la croissance mycélienne de** ***Penicillium expansum.***

Les extraits des feuilles, tiges, fleurs et fruits à l'acétate d'éthyle (respectivement **AFE**, **ATG**, **AFL** et **AFR**) et au méthanol (respectivement **MFE**, **MTG**, **MFL** et **MFR**) ainsi que le mélange des extraits de la tige au méthanol et du fruit à l'acétate d'éthyle (**M+A**) ont été retenus pour les expériences d'évaluation de l'effet des extraits de différents organes et de leurs mélanges.

Les résultats de ces tests ont révélés des profils d'activité antifongique généralement comparables quelque soit le type de l'extrait d'organe utilisé (à l'acétate d'éthyle **ACE** ou au méthanol **MET**). En revanche, les niveaux d'inhibition de la croissance mycélienne les plus élevés ont été enregistrés avec les extraits de feuilles, marquant ainsi une inhibition de 49% pour **AFE** et de 41,5% pour **MFE** de la croissance du champignon testé.

Pour les autres organes, les effets étaient moins importants, avec des taux d'inhibition les plus faibles enregistrés pour l'extrait méthanolique des fleurs (**MFL**) qui ne cause que 15% d'arrêt de la croissance chez le champignon contre un taux de 26% inhibition engendré par l'extrait de la tige à l'acétate d'éthyle (**ATG**).

Les investigations conduites sur l'activité antifongique de mélange d'extraits de la tige au méthanol et du fruit à l'acétate d'éthyle « **M+A** » a donné un effet hautement significatif se manifestant par un arrêt complet de la croissance mycélienne de *P. expansum*. En effet, ce dernier mélange « **M+A** » entraine une inhibition de 100% de la croissance mycélienne (figures III.10 et 11).

L'ensemble de nos résultats montrent, entre autres, l'importance de la recherche de l'activité antifongique aussi bien des extraits d'organes pris seuls que de leurs mélanges, dans la mesure où ces derniers pourraient engendrer des effets hautement significatifs contre les pathogènes. Ces effets, ne peuvent s'expliquer que par une éventuelle synergie entre les différents composés naturels de ces mélanges d'extraits.

Ces champignons, comme il a été déjà signalé, sont reconnus être très nuisibles aux plantes. En effet, *Penicillium expansum* et *Penicillium digitatum* sont des moisissures qui causent de grandes pertes économiques surtout dans l'industrie des citrus, ils réduisent la qualité du produit au moment de la production et de la commercialisation. (Tusset et *al.,* 1997 ; Agusti, 2000) comme ils peuvent rendre le fruit carrément impropre à la consommation en produisant des mycotoxines (Phillips, 1984 ; moss, 2002).

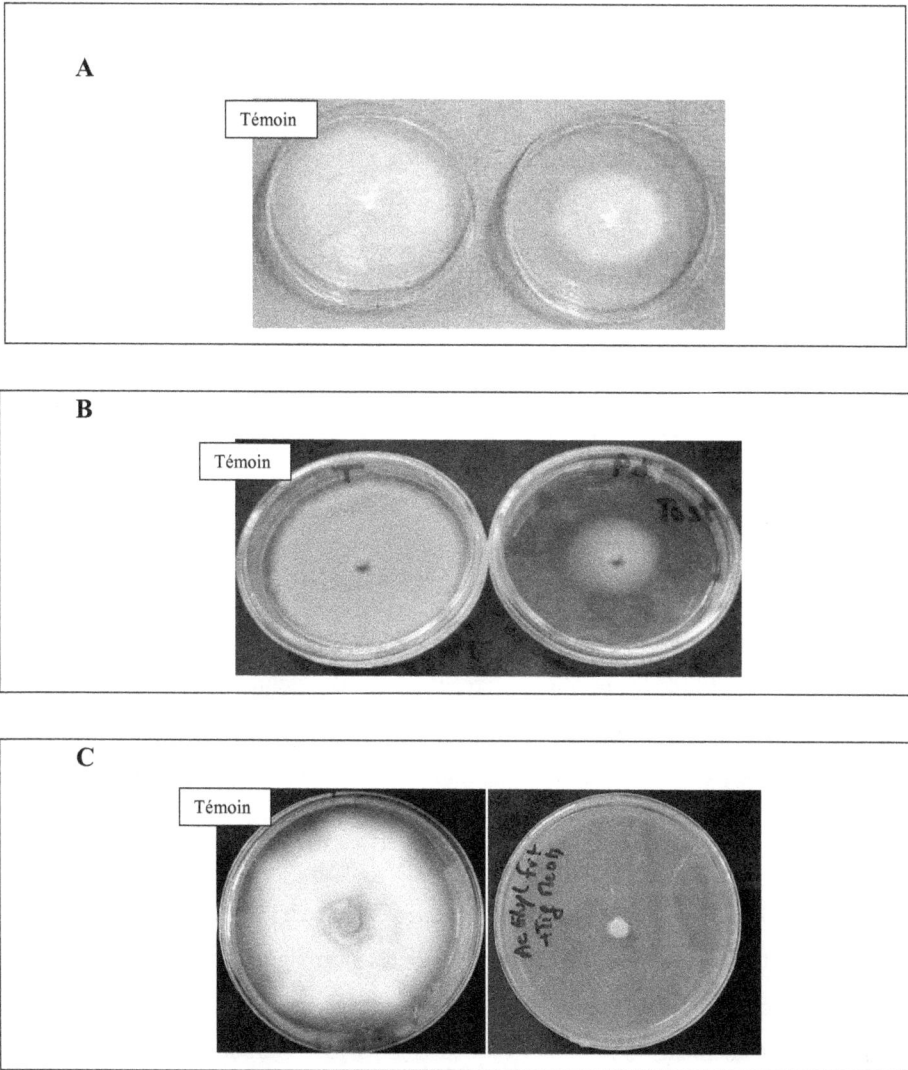

Figure III.11: Exemples de tests biologiques réalisés montrant les effets des extraits de feuilles de *P. mamorensis* sur la croissance mycélienne des champignons : *Geotrichum citri-aurantii* (A) et *Penicillium digitatum* (B) et du mélange d'extraits « M+A » sur *Penicillium expansum* (C).

Les méthodes habituelles utilisées pour combattre ces champignons sont basées sur l'application de produits phytosanitaires synthétiques avant et après la récolte. Ce genre de produits est interdit dans les cultures « *BIO* » à cause de leur pouvoir d'induction des résistances dans les cultures en plus de leurs effets néfaste sur l'environnement et la santé. C'est pour cela qu'il est devenu judicieux de développer de nouvelles méthodes alternatives pour lutter contre ces agents.

L'activité antifongique significative mise en évidence, aussi bien des extraits de feuilles de *P. mamorensis* que le mélange d'extraits d'organes de cette plante, contre la croissance mycélienne des trois champignons testés peut être attribuée à la présence des substances naturelles à savoir : les coumarines, les acides phénoliques, les flavonoïdes, les tanins et les composés volatils. Ceci serait en faveur de leur utilisation potentielle dans le bio-contrôle des parasites des produits agricoles (notamment les fruits de Rosaceae) en post récolte.

Le screening phytochimique effectué sur les extraits de *P. mamorensis* a mis en évidence une multitude de métabolites appartenant à différentes classes de substances naturelles telles que : les acides phénols (l'acide chlorogénique et l'acide caféique) les flavonoïdes (la quercétine, le kæmpférol) et les tanins présents dans ses divers organes tout en déduisant quant à leur relation probable avec l'effet antifongique détecté chez les trois champignons testés.

Dans la littérature, nombreuses sont les substances naturelles extraites des plantes ayant une activité fongicide. Ces propriétés antifongiques pourraient être dues soit à leur richesse en huiles essentielles ou à la présence des substances phénoliques généralement reconnus pour leur toxicité contre les microorganismes (Campos, 2003 ; Baydar, 2004) qui se manifeste en interagissant avec les enzymes, en perturbant les parois et les membranes cellulaires et /ou en rendant les substrats et les ions métalliques indisponibles (Cowan, 1999).

Nos résultats sont confirmés par d'autres travaux, certains auteurs ont rapportés aussi bien chez les racines de *Potentilla fryniana* (famille des Rosaceae) que chez d'autres Rosaceae (Chen, et *al.*, 2005 ; Cai Luo et *al.*, 2004) en plus de leur propriétés antioxydante et anticancéreuse, une significative activité antifongique.

Les résultats rapportés par Fattouch, (2008) testant le pouvoir conservateur des extraits de fruits du coing sur des produits de la mer, ont montré que l'acide chlorogénique le kæmpférol et la quercétine sont à l'origine de l'activité détectée contre un large spectre bactérien. En effet, les polyphénols du fruit de cette Rosaceae permettent la prévention d'éventuelles altérations microbiennes et le rancissement du filet du maquereau au cours de l'entreposage frigorifiant, grâce à l'activité antimicrobienne et antiradicaux libres dont sont dotés ces métabolites.

De même, Cowan, (1999), a rapporté chez des plantes contenant l'acide caféique et l'acide cinnamique (substance du groupe phénylpropanoïde) du fait de leur fort état d'oxydation, une forte activité aussi bien contre les champignons que les bactéries et les virus. Wilson et *al.,* (1987), ont constaté que certaines substances volatiles notamment les aldéhydes benzoïques émanant des fruits de pêches pendant qu'elles mûrissent, présente une activité fongicide. Dix ans après, ces auteurs ont affirmé que les propriétés fongitoxiques des huiles essentielles pourraient être utilisées pour le traitement des maladies des fruits et légumes. Ils ont même proposé que ces huiles essentielles soient employées comme solutions alternatives au bromure de méthyle utilisé comme fumigant dans les traitements de stérilisation des sols.

De même, il a été confirmé que la capacité d'une espèce végétale à résister à l'attaque des insectes et des micro-organismes est souvent corrélée à la teneur en composés phénoliques (Rees & Harbone, 1985). Marles et Pazos, (1995) ont montré que les sesquiterpènes oxygénées (Cf. limonène, estragol, farnesène…) isolées des membranes des Astéracées possèdent un large spectre d'activité biologique, jouant ainsi un rôle dans le mécanisme de défense de ces plantes.

Ces affirmations sont en concordance avec nos résultats rapportant une richesse des feuilles de *P. mamorensis* en estragol (86%) et de la fleur en limonène et en d'autres composés comme l'hexadécane et le benzyle lutanate.

Nous citerons, également, parmi plus d'une trentaine de constituants volatils détectés chez les organes de *P. mamorensis* à travers la présente étude, le bêta-pinène et le nonanal dont l'action en tant qu'antiseptique, anti-inflammatoire, cicatrisant et favorisant la digestion sont reconnues (Willem, 2002 ; Joy Bowles, 2004) ou encore les terpinènes qui sont des expectorants, des antiviraux ou même des anti-stress. Concernant l'estragol, le camphre et le cinéole ont une action anti-dépressive, antispasmodique, antivirale, et stimulatrice de la mémoire. En effet, les travaux de Obeng- Ofori et *al.*, (1997) menés dans ce sens ont montré que le 1-8 cinéole, au contact des insectes, agit en bloquant la synthèse de l'hormone juvénile inhibant ainsi le développement des œufs, des larves et de nymphes.

De plus, les effets antifongiques de composés volatils (Cf. limonène, cinéole, β -myrcène, α -pinène, β -pinène et le camphre) des extraits de fruits mûrs de *Prunus persica* et *Pyrus communis,* deux espèces communes de la famille des Rosaceae, ont été démontrés contre *Botrytis cinerea* (Wilson et *al.,* 1997).

P. mamorensis est aussi très riche en substances volatiles notamment dans les feuilles (estragol 86%), ces composés sont connus pour avoir une activité antifongique sur PD, PE, et GC.

IV. Conclusion

La présente étude constitue une contribution à l'évaluation de l'activité antifongique des substances naturelles extraites des organes de *Pyrus mamorensis* sur les trois champignons testés. Certains de ces extraits présentent des effets antifongiques significatifs, mais variables selon le type d'extrait et l'espèce du champignon testée.

Le mélange d'extrait méthanolique de la tige (**MTG**) et l'extrait d'acétate d'éthyle du fruit (**AFR**) de *P. mamorensis* a engendré une inhibition totale de la croissance de *Penicillium expansum* testée *in vitro* (100% d'inhibition de la croissance mycélienne).

Les résultats du screening phytochimique de ces extraits, ayant mis en évidence les substances secondaires présentes (cf. polyphénols, flavonoïdes et surtout les composés volatils, …) ont permis d'en déduire que ces composés seraient responsables de l'activité antifongique détectée contre les champignons testés.

Cependant, à ce stade de notre travail, aucune règle générale d'attribution de la dite activité, à une telle ou telle substance des extraits de *P. mamorensis,* ne peut être établie.

De plus, nos tests d'évaluation de l'activité antifongiques sont limités aux champignons testés. Il est donc opportun, voir judicieux, d'entreprendre des tests sur d'autres espèces de champignons et/ou d'autres agents pathogènes, notamment les bactéries, pour avoir une vue synoptique sur l'activité antifongique et antibactérienne des substances naturelles de *P. mamorensis.* Il serait également intéressant de confirmer ces tests par des expériences *in vivo* sur des produits agricoles en post récolte (fruits d'agrume ou de Rosaceae) pour montrer l'effet protecteur de ses substances, faces aux agressions d'agents phytopathogènes (champignon, bactéries…etc)

Il est à signaler que ce travail est le premier ayant contribué à la connaissance des propriétés biologiques des composés naturels préparés à partir des organes *P. mamorensis.* Ceci pourrait être d'un grand intérêt dans la lutte biologique, d'autant plus qu'il s'agit de produits naturels efficaces et biodégradables, à l'inverse des pesticides synthétiques qui présentent énormément d'inconvénients. Les propriétés biologiques mises en évidence à travers nos tests méritent d'être développées et valorisées.

CONCLUSION GENERALE

&

PERSPECTIVES

CONCLUSION GENERALE
& PERSPECTIVES

Dès son apparition, il y a 3 millions d'années, l'*Homo sapiens* a utilisé les plantes à d'autres fins que de la nourriture. Que la plante soit comestible ou toxique, qu'elle serve à tuer les animaux ou pour se défendre contre un ennemi ou encore utiliser comme remède pour se soigner. L'homme a découvert par une suite d'échecs et de réussites, l'utilisation des plantes pour sa survie et son bien-être. Depuis toujours, les plantes ont constitué une source majeure de médicaments grâce aux produits du *métabolisme secondaire*. Celui-ci produit des molécules variées permettant aux plantes de contrôler leur environnement animal et végétal.

Entre 20 000 et 25 000 plantes sont utilisées dans la pharmacopée humaine, 75% des médicaments ont une origine végétale et 25% d'entre eux contiennent au moins une plante ou une molécule active d'origine végétale. On assiste chaque année à la naissance de nouveaux médicaments. En revanche, l'exploitation abusive et la destruction des forêts nous prive d'une source potentielle de matière première essentielle pour la découverte de nouvelles molécules nécessaires à la mise au point de futurs médicaments, raison pour laquelle le patrimoine végétal doit être obligatoirement préservé dans sa diversité et dans son étendue.

Nos recherchesont été deveoppées dans le cadre de la valorisation des plantes médicinales locales et l'identification des produits naturels à activités thérapeutiques et/ou biologiques. L'étude a porté sur la Rosacée endémique de la Mamora du Maroc, *Pyrus mamorensis,* ce qui constitue l'une des originalités de cette étude. Un autre argument pertinent justifiant ce travail est qu'il s'agit d'une espèce inexplorée sur le plan phytochimique et biologique, puisque à notre connaissance, aucune étude scientifique n'y a été citée à ce propos.

La synthèse bibliographique effectuée au début de ce travail, a permis de passer en revue de quelques principaux genres et espèces de la famille des Rosacées contribuant ainsi à la connaissance sur le plan systématique (situation, caractéristiques…) de notre espèce.

La recherche ethnobotanique effectuée (questionnaire oraux non présentés ici) sur *P. mamorensis* révèle que cette espèce est encore mal connue chez les herboristes par rapport à sa cousine *Pyrus communis*, qui est une espèce ayant fait l'objet de très grand nombre de travaux de recherche et qui est, selon la littérature, principalement reconnue sur le plan médicinal par son effet purgatif.

L'approche floristique réalisée sur *P. mamorensis* a permis la caractérisation morphologique et histologique de la plante. Ainsi, une description morphologique des différents organes de la plante a été effectuée (caractères du port végétal, morphologie foliaire, caractéristiques florales, morphologie du fruit). Quant à l'étude anatomique *via* des coupes histologiques (surtout au niveau de la feuille et la tige), elle a permis de tracer d'importantes caractéristiques de la plante. Les résultats de l'approche floristique et histologique de *P. mamorensis*, même préliminaires, sont d'une grande importance surtout que de telles données sont indisponibles sur l'espèce. Ces résultats constitueront, nous l'espérons, une plate-forme pour d'autres études qui s'y intéresseront.

L'étude phytochimique vient compléter les données fournies par l'étude morphologique et histologique, pour une meilleure connaissance de la plante. Une identification et classification des principales substances naturelles de cette essence endémique de la Mamora, et ce à travers :

- **Le screening phytochimique** en utilisant différents tests de **criblage phytochimique** réalisés pour la première fois sur cette plante, qui a permis une bonne révélation des différentes classes de composés chimiques et métabolites secondaires dont à titre d'exemple : les différentes classes flavonoïdes, les coumarines, les saponines, les tanins catéchiques et galliques et les terpènes.
- **La purification et identification de différentes molécules de polyphénols** des différents organes de *P. mamorensis* révélant ainsi une richesse selon les

organes en aglycones flavoniques et en acides phénoliques. Nous citons chez _Pyrus mamorensis_ la présence :

* **Des acides phénoliques,** comme : l'acide caféique, l'acide chlorogénique et l'acide genticique ;
* **Des aglycones flavoniques,** tels que: la quercétine et le kæmpférol ;

* **Des anthocyanes,** tels que : la cyanidine et la hirsutidine.

* **L'analyse des substances volatiles** des différents organes de _P. mamorensis_, réalisée aussi pour la première fois et qui a démontré une fois de plus, la richesse de _P. mamorensis_ en ces métabolites très recherchés surtout en industrie (alimentaire, pharmaceutique, phytopathologique et cosmétologique....). Cette étude a mis en évidence chez la plante, d'une manière synoptique, différents composés volatils et mérite d'être approfondie pour une meilleure caractérisation de ces composés.

Notre étude a aussi concerné l'activité antifongique des substances naturelles extraites des organes de _Pyrus mamorensis_. Ces premiers résultats ont montré, généralement, que les extraits naturels de cette plante présentent une activité antifongique sur les champignons testés. L'exemple du mélange d'extrait méthanolique de la tige et l'extrait d'acétate d'éthyle du fruit était le plus efficace puisqu'il a totalement inhibé la croissance de _Penicillium expansum_.

Pour l'ensemble de ces résultats, _P. mamorensis_ mérite une place privilégiée dans nos orientations de recherche, afin de déployer une méthode pour l'exploitation potentielle des extraits et principes actifs de cette essence.

En perspective, il est opportun de poursuivre les recherches sur _P. mamorensis_ tout en deployant des techniques d'analyse de pointe et developper des apect de recherche encore mal explorés chez cette espèce, à savoir :

➜ Les processus d'extractions et de purification des substances naturelles notamment les huiles essentielles de la plante ;

➜ La purification et l'identification des principes actifs encore non identifiés des extraits de la plante.

➜ L'activité biologique des extraits d'autres organes de *P. mamorensis* et leurs effets sur large eventail d'organismes : champignons, bactéries, virus, insectes (ravageurs de cultures) en developpant des essais *in vivo*.

➜ L'étude des structures et l'histolocalisation des composés phénoliques dans les tissus de la plante ;

➜ Developper la culture *in vitro* de *P. mamorensis* pour la préservation de cette essence naturelle sauvage et endémique du Maroc. Lorsqu'il s'agit d'une plante rare, menacée d'extinction ou surexploitée, la multiplication *in vitro* peut être d'un grand secours pour preserver, valoriser et exploiter la ressource sans pour autant risquer sa survie.

Nous espérons que ce travail contribuera à une prise de conscience générale de l'importance des plantes médicinales et leurs valorisations, ainsi que sur le souci d'extinction et de disparition menaçant certaines d'entres elles. Malheureusement, la forte pression exercée par l'homme et son bétail est l'un des principaux facteurs ayant un effet néfaste conduisant à la régression de la forêt de la Mamora et surtout des superficies couvertes par le chêne-liège et par conséquent celles occupées par les peuplements du poirier sauvage. En effet, les effets néfastes des techniques et les méthodes d'exploitation programmées dans le cadre des projets d'aménagement, le ramassage du bois de feu et de quelques plantes localement appréciées, les opérations de défrichement, les incendies et le surpâturage nous prive, sans s'en rendre compte, d'une source de matière première essentielle pour la découverte de nouveaux et futurs médicaments.

Par ailleurs, les arbres fruitiers participent à l'équilibre écologique du fait de leur rôle comme réservoir génétique irremplaçable aussi bien pour la sélection de variétés fruitières plus gustatives, plus originales ou plus résistantes aux maladies que pour la sélection de porte-greffes. De plus, ces fruitiers sauvages sont de bons pollinisateurs des variétés cultivées.

C'est pour ces raisons que notre patrimoine végétal, dont *P. mamorensis*, doit être absolument préservé aussi bien dans sa diversité que dans son étendue. C'est d'ailleurs le cri d'appel lancé pour les chercheurs, industriels et professionnels pour doubler et unir les efforts en encourageant les actions à entreprendre notamment pour élaborer et mettre en œuvre les programmes nationaux de préservation et de valorisation des plantes endémiques et médicinales menacées.

REFERENCES BIBLIOGRAPHIQUES

REFERENCES BIBLIOGRAPHIQUES

Aafi, A, El Kadmiri A. A., Benabid A., Rochdi, M., 2005. Diversité floristique de Mamora (Maroc) 127, *Acta Botanica Malacitana,* Málaga, 30. 127-138.

Aafi, A., 2006. La Mamora. *Encyclopédie du Maroc,* 21.7199-7200.

Adlercreutz, H., Mazur, W., 1997. Phyto-oestrogens and western diseases. *Annals of Medecine* 29. 95-120.

Ait-Oubahou, A., 2006. Citrus Industry In The Kingdom of Morocco, Revue d'investissement agricole, 4: 60-66.

Agustí, M., 2000. *Citricultura,* Ed. Mundi-Prensa, Madrid.

Al Shamma, A., Drake, S., Flynn, D.L., Mitscher, L.A., Park, Y. H., Rao, G.S.R., Simpson, A., Swaye, J.K, Veysoglu, T., 1989. Antimicrobial agents from higher plants. *Journal of Naturel Products* 44 (**6**). 745-747.

Al Yahya, M.A., 1986. Phytochemical studies of the plant used in traditionnal medicine of Saudi Arabia. *Fitoterapia* 57 (**3**), 179-182.

Alibert, G., Ranjeva, R. Et Boudet, M. 1977. Organisation subcellulaire des voies de synthèse des composés phénoliques. *Physiol. Veg.* 15. 279 - 301.

Arras, G., Piga, A., D'Hallewen 1994. Effectiveness of Thymus capitatus aerosol application at subatmospheric pressure for postharvest control of green mold. *Acta Horticulturae* 368. 382-386.

Aruoma, O.I., Spencer, J.P.E., Butler, J., Halliwell, B., 1995. Commentary reaction of plant-derived and synthetic antioxidants with trichloromethylperoxyl radicals. *Free Rad. Res.* 22, 187-190.

Attrassi, K., Selmaoui, K., Ouazzani Touhami, A., Badoc, A., Douira, A., 2005. Biologie et physiologie des principaux agents fongiques de la pourriture des pommes en conservation et lutte chimique par l'azoxystrobine. *Bull. Soc. Pharm. Bordeaux* 144. 47-62.

Awuah, R.T., 1989. Preparation and evaluation of dehytrated mycological media from West African raw marerials. *Annals of Applied Biology* 115. 51-55.

Bahorun, T., Gressier, B., Trotin, F., Brunet, C., Dine, T., Luyckx, M., Vasseur, J., Cazin, M., Cazin, J.C., Pinkas, M., 1996. Oxygen species scavenging activity of phenolic extracts from hawthorn fresh plant organs and pharmaceutical preparations. *Arzneiminittel-forschung/Drug Research,* 46 II (**11**). 1086-1089.

Bahorun, T., Trotin, F., Pommery, J., Vasseur, J., Pinkas, M., 1994. Antioxidant activities of *Crataegus monogyna* extracts. *Planta Med.* 60. 323-328.

Bahorun, T., 1995. Les polyphénols de *Crataegus monogyna* Jacq. *In vivo* et *in vitro* : analyses et activités antioxydantes. Thèse de doctorat. Université de Lille I. 150 pp.

Bahorun, T., 1997. Substances naturelles actives: la flore mauricienne, une source d'approvisionnement potentielle. *Food Agric. Res.* N° special: 83-95.

Bakkali, F., Averbeck, S., Averbeck, D. and Idaomar, M., 2008. Biological effects of essential oils – A review *Food and Chemical Toxicology,* 46(**2**). 446-475

Bamba, D., Bessière, J.M., Marion, C., Pélissier, Y., Fouraste, I., 1993. Essential oil of *Eupatorium odoratum*. *Planta Medica,* 59(**2**). 184-185.

Bate-Smith E. C., 1956. The commoner phenolic constituents of plants and their systematic distribution. Sc. Proc. Roy. *Dublin Soc.* 27. 165 pp.

Bate-Smith, E. C., 1962. The phenolic constituents of plants and their taxonomic significans.I. Dicotyledons. J. *Linn. Soc.* (Bot.). 58, 95

Baudoin, A. B., Eckert, J. W., 1982.. Factors influencing the susceptibility of lemon to infection by *Geotrichum candidum*. *Phyotopathology* 72. 1592- 1597.

Baydar, N.G., Ozkan, G., Sagdicü, O., 2004. Total phenolic contents and antibacterial activities of grapes (*Vitis* V*inifera* L.) extracts. *Food Control 15.* 335-339.

Beart, J.E., Lilley, T.H., Haslam, E., 1985. Plant polyphenols-secondary metabolism and chemical defense: some observations. *Phytochemistry* 24(**1**). 33-38.

Bendaanoun M. 1998. Contribution à l'étude des facteurs écologiques, de l'impact de la dégradation et des aménagements sur la régénération des subéraies du Rif, du Moyen-Atlas oriental et de la Mamora (Maroc septentrional), p. 176-197 in: Actes du Seminaire Méditerranéen sur la Régénération des Forets de Chêne-liège, Tabarka 22-24 octobre 1996. Annales de l'INRGREF, Tunis, numéro spécial.

Bezanger-Beauquesne, L., Pinkas, M., Torck, M., Trotin, F., 1990. Plantes médicinales des régions tempérées. Édition II. France : *Edition Maloine.* 172-173.

Benzyane M. 1998. La subéraie marocaine, produit économique et social à développer, p. 12-21 in: Actes du Séminaire Méditerranéen sur la Régénération des Forets de Chêne-liège, Tabarka 22-24 octobre 1996. Annales de l'INRGREF, Tunis, numéro spécial.

Bhojwani, S.S., 1981. A tissue culture method for propagation and low temperature storage of Trifolium repens genotypes. Physiol. Plant., 52 : 187-190 .

Bidet, D., Gaignault, J. C., Girard, P. Et Trotin, F., 1987. Inflammation, allergie, douleur et acide arachidonique: du jardin des Hespérides à la cascade de l'acide arachidonique : Les flavonoïdes. *L'actualité chimique.* 89 - 97.

Borg-Karlson A.K., Unelius C.R., Valterova I., Nilsson L.A., 1996. Floral fragrance chemistry in the early flowering shrub Daphne mezerum. Phytochemistry, 41(**6**): 1477 -1483

Boss, PK., Davies, C. & Robinsson, S. (1996). Analyse de l'expression des gènes de la voie anthocyanes dans le développement de *Vitis vinifera* L. Shiraz baies de raisin, et les implications pour la réglementation voie. *Plant Physiol* 111 : 1059-1066

Botton, B., Breton, A., Fevre, M., Guy, Ph., Larpent, J.P., Veau, P., 1985. Moisissures utiles et nuisibles d'importance industrielle. *Masson biotechnologies, Paris.*

Boudet Alain-Michel, 2000. Conférences: « Physiologie des plantes et des micro-organismes ».

Brouillard, R., Figueiredo, P., Elhabiri, M., and Dangles, O. 1997. Molecular interactions of phenolic compounds in relation to the colour of fruits and

141

vegetables. _Phytochemistry of fruit and vegetables Proceedings of the Phytochemical Society of Europe._ Oxford, UK: Clarendon Press. 30 - 49.

Brown, G., E., 1974. Development of green mould in degreened oranges. Phytopathology 63, 1104 - 1107.

Brown, G., E., et Eckert, J., W., 1988. Compendium of Citrus diseases. Whiteside, J. O., Granesy, S. M. & Timmer L. W. (Edits). American Phytopathological Society. 32-38.

Brownlee, H.E., Hedger, J., Scott, I.M., 1992. Effects of a range of procyanidins on the cocoa pathogen _Crinipallis perniciosa. Phys. Mol. Plant Pathol._ 40, 227-232.

Bruneton, J., 1987. Eléments de phytochimie et de pharmacognosie. Ed. Tec et Doc, Lavoisier, Paris. 585.

Bruneton, J., 1993. _Pharmacognosie et phytochimie. Plantes médicinales._ Paris, France: Lavoisier.

Burchill, R.T., Maude, R.B., 1986. Microbial deterioration in stored fresh fruit and vegetables. _Outlook Agric._ 15, 160-166.

Cai, Luo, Soleil, Corke, 2004. Antioxidant activity and polyphenolic compounds of 112 traditional Chinese medicinal plants associated with anticancer. _Life Science_ 74, 2157-2184.

Campos, F.M., Couto, J.A., Hogg, T. A., 2003. Influence of phenolic acids on growth and inactivation of _Oenococcus oeni_ and _Lactobacillus hilgardii. J. Appl. Microbiol._ 94, 167-174.

Carlos, R., 1982. Manual and atlas of the _Penicillia. Elsevier Biomedical Press._ _Netherlands._

Challice, J. S. and Williams, A. _H._ **1968.** Phenolic compounds of the genus _Pyrus_ A chemotaxonomic survey. Phytochemistry 7 (**10**). 1781-1801.

Chen, K., Plumb, G.W., Bennet, R.N., Bao, Y., 2005. Antioxidant activites of extracts from five anti-viral medicinal plants. _Journal of Ethnopharmacology_ 96, 201-205.

Cherkaoui I., Selmi S., Boukhriss J., Rguibi-Idrissi H., Dakki M., 2009. Factors affecting bird richness in a fragmented cork oak forest in Morocco. *Acta Oecologica* 3 (**5**), 197 – 205.

Cimanga, K., Kambu, K., Tona, L., Apers, S., De Bruyne, T., Hermans, N., Totte, J., Pieters, L., Vlietinck, A.J., 2002. Correlation between chemical composition and antibacterial activity of essential oils of some aromatic medicinal plants growing in the Democratic Republic of Congo. *Journal of Ethnopharmacology,* 79(**2**). 213-220.

Claire, L., 1984: Etude de la variabilité flavonique intraspécifique chez deux coniféres: Le Pin sylvestre et le Genevrier commun, Thèse de 3ème cycle. Université Claude Bernard, Lyon I. 169 pp.

Clifford, M.N., 1999. Chlorogenic acids and other cinnaminates, nature, occurence and dietary burden. *J Sci Food Agric,* 79. 362-372.

Cobut, J.G., Mignolet, J., Prent, G.H., Bronders-Lefever, H., Martens, F., Staes, J., Vanbiervliet, N., 1979. Biologie, Botanique. Pour l'Enseignement Secondaire Supérieur. A. De Boeck. Maison d'Edition S ; A. Brixelles. 349 pp.

Conceicao de Oliveira, M., Sichieri, R., Sanchez Moura, A., 2003. Weight loss associated with a daily intake of three apples or three pears among overweight women. *Nutrition* 19(**3**). 253-6.

Conner, D.E., Beuchat, L.R., Worthington, R.E., Hitchcock, H.L., 1984. Effects of essential oils and oleoresins of plants on ethanol production, respiration and sporulation of yeasts. Inter. J. Food Microbiol. 1, 63–74

Cowan, M.M., 1999. Plant products as antimicrobial agents. *Clin. Microbiol. ReV.* 564-582.

Croteau, R., Kutchan, T.M., and Lewis, N.G., 2000. Natural products (secondary metabolites). In: B. Buchanan, W. Gruissem and R. Jones, Editors Biochemistry *and Molecular Biology of Plants*, American Society of Plant Physiologists.

Das, H.C., Wang, J.H., Lien, E.J., 1994. Carcinogenicity and cancer preventing activities of flavonoids : A structure-system-activity relationship (SSAR) analysis. 133-136. *In* Jucker, E., ed. *Progress in Drug Research* . Basel : Birkhauser Verlag. DAS, H.C., and Weaver, G.M., 1972. Cellulose thin-layer chromatography of phenolic substances. *J. Chromatogr* 67. 105-111.

Das, H.C., Weaver, G.M., 1972. Cellulose thin-layer chromatography of phenolic substances. *J.Chromatogr.* 67. 105-111.

De Oliveira, M.M., Sampaio, M.R.P., Simon, F., Gibert, B., Mors, W.B., 1972. Antitumor activity of condensed flavenols. *An. Acad. Brasil* 44. 41-44.

Deysson, G., 1982. Eléments d'anatomie des plantes vasculaires. Ed : Société d'Enseignement Supérieur, Paris. 265pp.

Dohou, N., 2004. Approches floristique, éthnobotanique, phytochimique et étude de l'activité biologique de *Thymeleae Lythroides*. Thèse de Doctorat National, Université Ibn Tofail, Faculté des Sciences Kenitra. 158 pp.

Didry, N., Pinkas, M., Torck , M., 1982. Sur la composition chimique et l'activité antibacteriènne des feuilles de divers espèces de grindelia. *Pl. Med. Phytother.* XVI. 7-15.

Drapier, N. 1993. Les sorbus en France: caractères botaniques et généralités. Rev.For.Fr.XLV-3.

Dubois, G., Grosby, G., And Saffron, P., 1977. Non nutritive Sweeteners: Taste structure relationships with for some new simple dihydrochalcones. *Science* 195. 397 - 399.

Duke, J.A., 1985. CRC Handbook Medicinal Herbs, CRC Press Inc. Bocco Raton, Florida. 600 pp.

Eckert J. W.; Ogawa J. M. 1985. The chemical control of postharvest diseases : subtropical and tropical fruits, Lutte chimique contre les maladies après récolte : fruits subtropicaux et tropicaux. *Annual review of phytopathology.* 23. 421-454

Edward, F. Gilman; and Dennis G. Watson 1994. Photinia x fraseri, Fraser Photinia1. Adapted document from Fact Sheet ST-447, a series of the

Environmental Horticulture Department, Florida Cooperative Extension Service, *Institute of Food and Agricultural Sciences*, University of Florida. October

Emberger, L., 1939. Aperçu général sur la végétation du Maroc. Commentaire de la carte phytogéographique du Maroc au 1/500 000. *Veröff. Geobot.* Inst. Rübel in Zürich, 14, 40-157.

Encyclopedia Universalis, 2005. France S.A.

Encyclopédie Microsoft® Encarta® en ligne 2009 (http://fr.encarta.msn.com © 1997-2009 Microsoft Corporation.

Fattouch, S., Caboni, P., Coroneo, V., Tuberoso, C., Angioni, A., Dessi, S., Marzouki, N., Cabras, P., 2008. Comparative analysis of polyphenolic profiles and antioxidant and antimicrobial activities of Tunisian pome fruit pulp and peel aqueous acetone extracts. *J. Agric. Food Chem.* 56, 1084-1090.

Fennane M. 2004. Propositions de Zones Importantes pour les Plantes au Maroc (ZIP Maroc), Rabat.

Fennane, M., 1987. La grande encyclopédie du Maroc **GEI** (Flore et végétation), 231 pp.

Ferreira. D. Guyot. S., Nathal. Marnet.J. Delgadillo I. Catherine M. G. C. Renard, and Manuel A. Coimbra, 2002. Composition of Phenolic Compounds in a Portuguese Pear (*Pyrus communis* L. Var. S. Bartolomeu) and Changes after Sun-Drying. *J. Agric. Food Chem.*, *50* (**16**), 4537–4544

Fleuriet, A., Macheix, J.J., 1977. Effet des blessures sur les composés phénoliques des fruits de tomates "cerises" (*Lycopersicon esculentum* var *cerasiforme*). *Phys. Veg.* 15. 239-250.

Fouché, J.G, Marquet, A., Hambuckers, A. 2000. Les Plantes Médicinales, de la plante au médicament: Exposition temporaire du 19.09.2000 au 30.06.2000 Observatoire du Monde des Plantes Sart-Tilman, B77. B-4000 Liège (site http://www.ulg.ac.be/omp/expo-pharma/index.htm)

Gaignault, J.C., Girard, P., Trotin, F., 1987. Inflammation, allergie, douleur et acide arachidonique: du jardin des Hespérides à la cascade de l'acide arachidonique : Les flavonoïdes. *L'actualité chimique.* 89-97.

Gattefosse, J., 1920. Voyage D'études Au Maroc. Annales de la Société Botanique de Lyon Tome XII.

Gayon, P.R., 1968. Les composés phénoliques des végétaux. Traité d'œnologie. Edition Dunod, Paris, 254 pp.

Gheysen U., Bellec A., (1990), *Acta. Pharm.,* 275, 68. In (Banahmed Merzoug. 2009**.** Contribution à l'étude phytochimique de deux plantes de la famille des apiaceae : *Carum montanum* Coss. & Dur. et *Bupleurum montanum* Coss. Universite Mentouri- Constantine, faculté des Sciences exactes.199pp).

Gilbert, B. 1975. Anthelmintic activity of oils. Chemical abstract, 3. 52-54

Guignard J. L., 1979. Abrégé de biochimie végétale. Editions Masson, Paris. 263 pp.

Hagmar B., 1969 : *Pathol. Europ.,* 4, 283. In (Banahmed Merzoug. 2009**.** Contribution à l'étude phytochimique de deux plantes de la famille des apiaceae : *Carum montanum* Coss. & Dur. et *Bupleurum montanum* Coss. Universite Mentouri-Constantine, faculté des Sciences exactes.199pp).

Hamauzu, Y., Forest, F., Hiramatsu, K., Sugimoto., M., 2007. Effect of pear (Pyrus communis L.) procyanidins on gastric lesions induced by HCl/ethanol in rats. *Food Chemistry* 100. 255-263.

Hammada, S., Dakki, M., Ibn Tatou, M., Ouyahya, A., et Fennane, M., 2002. Catalogue de la flore des zones humides du Maroc : Bryophytes, Ptéridophytes et spermaphytes. Bulletin de l'institut Scientifique, Série Sci. Vie, 24. 1-59.

Hammoudi, A., 2002. Rapport VIVEXPO du MCEF, MAROC. Service de la Valorisation des Produits Forestiers, *Ministère Chargé des eaux et Forêts –* Maroc -

Harbone, J.B., 1993. New naturally occuring plants phynols. In polyphenolic Phenomena, A.Scalbert ed. INRA éditions, Paris.

Harbone, J.B., Baxter, 1995. Phytochimical dictionary. A handbook of bioactive compounds from plant. Edition Taylor et Francis

Harbones, J. B. 1975. The biochemical Systematics of Flavonoïdes, 1054-1093. Eds.; Academic Press: New York,

Harborne, J. B., Mabry,H., 1975. The flavonoïdes Eds. Chapman and Hall

Harborne, J.B., 1980:. Plant phenolics.p. 330-402. *In :* BELL EA and CHARLWOOD BV eds. *Encyclopaedia of Plant Physiology.* New Series. Berlin, Germany : Springer-Verlag

Hariri, E. Sallé, G., Andary, C. 1991. Involvement of flavonoïdes in the resistance of to popular cultivars to mistletol (*Viscum album* L.) Protoplasma. 162. 20- 26

Hayase, F., Kato, M., 1984. Antioxidant compounds of sweet potatoes. *J. Nutri. Sci. Vitaminol.* 30. 37-46.

Heimeur, N.; Idrissi Hassani, l. M. ; Serghini, M. A. 2004. Polyphénols de *Pyrus mamorensis (*Rosacée) Reviews in biology and biotechnology. 3 (**1**): 37-42

Heimeur, N.; Idrissi Hassani, l. M. ; Serghini, M. A., 2006. Screening phytochimique de *Pyrus mamorensis*, Annales de la Recherche Forestière - Maroc. 37. 1-9.

Heller, W. et Forkmann, G., 1993: The Flavonoids, Advances in research since 1986, éd. J. B. Harborne, Chapman and Hall, London. 499-535.

Heywood, V. H. 2007. Flowering plants of the world.Myflowersbooks. Elsavier Publisher. Newyork, NY.pp. 141-144

Hutchins A. M., Slavin J. L., Lampe J. W. 1995: Urinary isoflavonoid phytoestrogen and lignan excretion after consumption of fermented and unfermented soy products. *J. Am. Diet. Assoc.*, 95. 545-551.

Idrissi Hassani, L.M., 1985. Etude de la variabilité flavonique chez deux Conifères méditérrannéennes, le Pin maritime *Pinus pinaster* Ait et le genévrier thurifère *Juniperus thurifera* L. Thèse de Doctorat 3ème Cycle. Université Claude-Bernard Lyon I. 172 pp.

Idrissi Hassani, L.M., 2000. Contribution à l'analyse phytochimique du Harmel (Péganum Harmala) et étude de ses effets sur la reproduction et le développement du criquet pèlerin (Schistoceraca gregaria. Forsk (Ortoptera, Aaididae). Thèse de Docteur d'état. Université Ibn Zohr, Agadir Maroc. 214 p.

Jay, M., Gonnet, J.F., Wollenber, E., Voirin, B., 1975. Sur l'analyse qualitative des aglycones flavoniques dans une optique chimiotaxinomique. *Phytochemistry* 14. 1605-1612.

Judd. W .S. C. S. Campbell, E. Kellogg and P. F. Stivens. 1999. Plant Systematics : A phelogenetic approch. Sinauer Associates. Inc. Sunderland, MA. 290-306.

Poirier, J., 2006. La multiplication des arbres remarquables, horticulteur 11. Pépinière et multiplication - Jardin botanique de Montréal.

Bowles, J., 2004. Guide des huiles essentielles Le Courrier du livre, 162 pp.

Kambu, K., Phanzu, N-di. Coune, C., Wauters, J.N., Angenot, L., 1982. Contribution to the insecticidal and chemical properties of *Ecalyptus saligna* from Zaire. *Plantes Médicinales et Phytothérapie* 16 (**2**). 34-38.

Kelman, A., 1984. In: Moline, H.E. (Ed.), Postharvest pathology of fruits and vegetables: postharvest losses in perishable crops. University of California Agricultural Experimental Station Bulletin. 1-3.

Kreofsky, T., Schlager, J.W., Vuk-Pavlovic, Z., Abraham, R.T., Rohrbach, M.S., 1992. Condensed tannin promotes the release of arachidonic acid from rabbit resident alveolar macrophages. *Am. J. Resir. Cell. Mol. Biol.* 7. 172-181.

Kuiper, G.G., Lemmen, J.G., Carlsson, B. 1998. Interaction of estrogenic chemicals and phytoestrogens with estrogen receptor beta. Endocrinology, 139. 4252-4263.

Lamarti A., Badoc J.-P., Carde, 1993. Etude chromatographique de la plantule de fenouil amer (*Foeniculum Vulgare* Mill.). Caractéristiques spectrales (UV, IR, SM) de ces constituants.*Bull. Soc. Pharm. Bordeaux*, 132. 73-89

Lebreton, P., Jay, M., Voirin, B., Bouchez, M.P., 1967. Sur l'analyse qualitative et quantitative des flavonoïdes. *Chim. Anal. Fr,* 49. 375-383.

Leroux, P., & Gredet, A., 1978. Document sur l'étude de l'activité fongicide, INRA, Versailles. 26 P.

lichtenthaler, H.K 1999. Biosynthese and their interrelationship with primary metabolism. The 1-deoxy-D-xylulose-5 phosphate pathway of isoprenoid biosynthesis in plant. *Annu. Rev.Plant.Physio.Plant.Mol.Bio.*50. 47-65

Ling B, Zhang M, Kong C, Pang X And Liang G 2003: Chemical composition of volatile oil from *Chromolaena odorata* and its effect on plant, fungi and insect growth. Ying Yong Sheng Tai Xue Bao, 14(**5**). 744-6.

Mabry, T.J., Markham, K.R., Thomas, M.Bcc., 1970:. The systematic identification of flavonoids. Springer, New York éditeurs. 354 pp.

Mabry, T.J., Ulubelen, A., 1980: Chemistry and utilization of phenylpropanoids including flavonoids, coumarins and lignans. *J. Agric. Food Chem.* 28. 188-196.

MacLafferty, F. W. & Stauffer, D. B., 1989: The Wiley NBS registry of Mass Spectra Data. Edit. Wiley and Sons, New York.

Mahhou, A., 2009: Rosacées fruitières au Maroc, analyse du secteur. Agriculture du Maghreb, 35 (Avril).

Mamouni, A. 2006 : Le pêcher une culture de diversification, Bulletin Mensuelle d'informations et de liaison de PNTTA, N° 138 (Transfert de Technologie en Agriculture). Ministère de l'agriculture, du Développement Rural et de Pêches Maritime. 4 pp.

Masquelier, J., Dumon, M.C., Dumas, J., 1979: Stabilisation des collagènes par des oligomères procyanidoliques. *Acta therapeutique* 1. 101-104.

Maurice J., Jean François G. et Voirin, B. 1975 : Sur l'analyse Qualitative des Aglycones Flavoniques Dans une optique Chimiotaxinomique. Phytochemistry, 1975. 14. 1605- 1612.

Metro, A., Sauvage, Ch., 1955: *Flore des végétaux ligneux de la Mamora.* Edit. *La nature au Maroc, Rabat.* 498 pp.

Murray, R.DH., Mendez J., Brown S.A., 1982 : The Natural Coumarines Occurrence*, Chemistry and Biochemistry,* a Wiley Interscience Publication,

Morgan, M., 2006: Moulds. http:// www. microscopy- uk.org/mag/indexmag.html?http:// Microscopy- uk.org/mag/artjan99/mmould.html. Accessed on April, 23.

Morris, J. A., khetty, A & Seitz, E. W., 1978: Antimicrobial activity of aroma micals and essential oils.J.Amer. Oil Chem. Soc., 56.595-603

Morrissey J. P. and Osbourn A., 1999: Fungal resistance to plant antibiotic as a mechanism of pathogenesis. Microbiology and molecular Biology Reviews. 708-724

Mouatassim, A. 1999. Contribution à la protection de l'environnement par l'étude de la toxicité de plantes médicinales sur le criquet pèlerin *Schistocerca gregaria* Forskal. DESA des sciences de l'eau et de l'environnement. Université Ibn Zohr, faculté des Sciences Agadir. 55 pp.

Murashige, T., and skoog, F. 1962. A revised medium for rapid growth and bioassays with tobacco tissue cultures. *Physiol. Plant* 15. 473 -497.

Natividade, J.V., 1956:*Subériculture*. ENEF, Nancy, France. 303 pp.

Nitsch, J., and Nitsch, C. 1961: Synergistes naturels des auxines et des giberellines. *Bull. Soc. Fr.* 26. 2237 - 2240

Norman, C. 1988: EPA sets new policy on pesticides cancer risks. *Science,* 242. 366-67.

Novotny L., Vachalkova, A., Biggs, D., 2001: Ursolic acid: an antitumorigenic and chemopreventive activity. *Neoplasma* 48. 241-246,

Obeng-Ofori, Reichmuth, C.H., Bekele, J., Hassanali, A.W., 1997: Biological activity of 1,8-cineol a major component of essential oil of *Ocimum kenyense* (ayobangira) against stored product beetles. *Journal of Applied Entomology* 121. 237-243.

Okamura, H., Mimura, A., Yakou, Y., Niwano, M., Takahara, Y., 1993: Antioxidant activity of tannins and Flavonoïdes in *Eucalyptus rostrata*. *Phytochem.* 33. 557-561.

Okuda, T., Kimura, Y., Yoshida, T., Hatano, T., Okuda, H., Arichi, S., 1983: Study on the activity of tannins and related compounds from medicinal plants and drugs. I. Inhibitory effects of lipid peroxidation in mitochondria and microsome of liver. *Chem. Pharm. Bull.* 31. 1625-1631.

Oyedeji, A.O., Ekundayo, O., Olawore, O.N., Adeniyi, B.A., Koenig, W.A., 1999: Antimicrobial activity of the essential oils of five *Eucalyptus* species growing in Nigeria. *Fitoterapia* 70 (**5**). 526-528.

Pacakova, V., Pelt, L., 1992: Chromatographic Retention Indices. Edit. E. Horwood, New York.

Pathak, V.N., 1997: Postharvest fruit pathology-present status and future possibilities. *Indian Phytopathol* 50. 161-185.

Pharmacopée française, 1984 : Maison neuve, les moulins, Paris

Phillips, D.J., 1984: Mycotoxins as a postharvest problem. In: Moline, H.E. (Ed.), Postharvest Pathology of Fruits and Vegetables: Postharvest Losses in Perishable Crops.Agricultural Experimental Station, University of California,Berkeley Publications, NE. 50-54.

Porter, J.L., Hrstich, L.N. & Chan, B. G. 1986: The conversion of procyanidins and prodelphinidins to cyanidin and delphinidin. Phytochemistry, 25 (**1**). 223-230

Programme LIFE Rhin, 2004. Référentiel des habitats naturels reconnus d'intérêt communautaire de la bande rhénane, rapport du *Programme LIFE Rhin* (Octobre).

Quézel, P., & Médail, F., 2003. Ecologie et biogéographie des forêts du bassin méditerranéen. Elsevier (Collection Environnement), Paris. 592 pp.

Ramaut, F., et Dorny, J., 2008 : Premier cours de Botanique. Romain Chompret, Décembre.

Randerath, K. 1971 : Chromatographie sur couches minces. Paris : Edition Gauthier-Villars. 337-339.

Ravn, H., Andary, C., Kovacs, G., Molgaard, P., 1984: Caffeic acid esters as *in vitro* inhibitors of plant pathogenic bacteria and fungi. *Biochem. Syst. Ecol.* 17 . 175-184.

Rees, S.B., Harborne, J.B., 1985. : The role of sesquiterpene lactones and phenolics in the chemical defence of the chicory plant. *Phytochem* 24. 2225-2231.

Rhiouani, H., Settaf, A., Lyoussi, B., Lacaille-Dubois, M. A. & Hassar, M. 1998. Effet anti-hypertenseur et diurétique des saponines de Hernaria glabra chez le rat spontanément hypertendu (S.H.R.). Com. 9 au Ve Congrès de la societe Méditerranéenne de la Pharmacologie clinique. Marrakech, 28- 30 octobre. 42 pp.

Ribéreau-Gayon, J., 1968. Les composés phénoliques des végétaux. Traité d'œnologie. Edition Dunod, Paris. 254 .

Rizk, A.M., 1982. Constituents of plants growing in Qatar. I. A chemical survey of sixty plants. *Fitoterapia* 52. 35-44.

Rychliski, I., Gudej, J., 2002. Flavonoid compounds from *Pyrus communis* L.flowers. *Acta. Pol. Pharm.* 59(1). 53-6.

Santos-Buelga, C., & Scalbert, A. 2000. Proantocyanidins and tannin like compounds-nature, occurrence dietary intake and effects on nutrition and health. Journal of the Science of Food and Agriculture, 80. 1094–1117.

Sauvage, C.H., 1952. La richesse de la flore Marocaine. *Bull. Ens. Pub. Maroc,* 216. 6-11.

Shahidi, F., Naczk, M., 1995. Food phenolics, sources, chemistry, effects, applications. Technomic pubmishing Co. Inc. Lancaster

Shibata, S., Harada, M., Budidarmo, W., 1960. Constituents of Japanese and Chinese drugs. Antispasmodic action of flavoinoides and antraquinones. *Yakugaku Zasshi* 80. 620- 624.

Singleton, V., and Ross, J., 1965. Colorimetry of total phenolics with phophomolybdic -phosphotungstic acid reagents. *Amer. J. Enol. Vitic.* 16. 144 - 153.

Spichiger, R.E., Savolainen V., Figeat, M., 2000. Botanique systématique des plantes à fleurs : une approche phylogénétique nouvelle des angiospermes des régions tempérées et tropicales, Presses polytechniques et universitaires romandes, Lausanne, Suisse, PPUR 413.

Stavric, B., Matula, T.I., 1992. Flavonoïdes in food. *Lipid soluble and antioxidants: Biochemistry and clinical applications.* Basel: Birkhauser Verlag. Their significance for nutrition and health. p. 274-294. *In:* ONG ASH and PACKER L eds.

Stenhagen, E., Abrahamsson, S., & MacLafferty, F. W. 1976. Registry of Mass Spectral Data. Edit. Wiley and Sons, New York. The Mass Spectrometry Centr, 1986.Eight Peak Index of Mass Spectra, 3 rd ed., The royal Society of Chemistry, Nottingham, Great Britain.

Tahrouch, S. 2000. Etude des composes phénoliques et des substances volatiles d'Argania spinosa (Sapotaceae). Adaptation de l'arganier à son environnement. Thèse de Doctorat d'état en Phytochimie. Université Ibn Zohr, faculté des Sciences Agadir. 132 pp.

Tahrouch, S., Mondolot-Cosson, L., Rapior, S., Idrissi Hassani, L., A., Rouhi, R., Gargadennec, A. & Andary, C. 2002 : Identification des flavonoïdes d'Argania spinosa. Acta Botanica Gallica, 149(1). 111- 121.

Taylor, W.E., Vickery, B., 1995: Insecticidal properties of limonène, a constituent of Citrus oil in Ghana. *Journal of Agricultural Sciences* 7. 61-62.

Touati, D. 1985 : Contribution à la connaissance du profile biochimique des dicotylédones buissonnantes et arbustes de la Méditerranée. Thèse de 3ème cycle. Université Claude Bernard, Lyon I. 168 pp.

Toussaint-Samat, M., 1987: Histoire naturelle et morale de la nourriture, Bordas, France.

Tusset, J., Hinajeros, C., Mira, J.L., 1997. Enfermedades fungicas de la postrecolecci ón de los agrios actualmente en progreso. *Phytoma* 90. 69-73.

Vasconcelos Silva, M.G., Craveiro, A.A., Abreu Matos, F.J., Machado, M.I.L., Alencar, J.W. 1999. Chemical variation during daytime of constituents of the essential oil of *Ocimum gratissimum*. Fitoterapia 70, 32-34.

Van Gestel J., 1991. A method for assessment of the sensitivity to imazalil of both *P. digitatum* and *P. italicum* isolated from citrus. Bulletin OEPP, 21:329-331.

Vidal P. 1951. Procès-verbal d'aménagement du foret de la Mamora. Direction des Eaux et Forêts et de la Conservation du Sol, Rabat.

Vogel, G., et Angermann, H., 1994. Fontenay le fleury, atlas de la biologie, Livre de Poche : Encyclopédies d'aujourd'hui, La Pochothèque 1998, Librairie générale Française 1994. Deutscher Taschenbuch Verlag Gmbh & HG Munich.

Voirin B., 1983. UV spectral differentiation of 5 –hydroxy- and 5-hydroxy-3 methoxyflavones with mono-(4'), di-(3',4') or tri-(3',4',5')-substituted B rings. Phytochem., 22(**10**). 2107-2145.

Walali, L., Dou El macane, Skiredj A. 2003. Bulletin mensuel d'information et de liaison de PNTTA , DERD N : 107: Transfert de technologie en agriculture, Août, Ministère de l'agriculture et du développement rural. ISSN. 1114-0852

Wasserman, W., Fahl, W., 1997. Functional antioxidant responsive elements. *Proc Natl Acad Sci.* 94. 5361-5366.

Whiteside, J., O., Garnsey, S., M., Timmer, L. W., 1993. Compendium of citrus diseases. The American Phytopathological Society, APS press, USA.

Willem, Jean-Pierre 2002. Les Huiles Essentielles; Médecine D'Avenir. Editeur : *Dauphin.*

Wilson, C. L., Solar, J. M., El Ghaouth, A. & Wilsniewski, M. E. 1997. Rapid evaluation of plant extract and essential oils for antifungal activity against *Botrytis cinerea.* Plant disease, 81(**2**). 204- 210.

Wolters, B., Erlert, U., 1981 : *Planta Med.,* 43 (2), 166.

Yang F, de Villiers W.J., McClain C.J., Varilek G.W. 1998. Green tea polyphenols block endotoxin-induced tumor necrosis factor-production and lethality in a murine model. *J Nutr,* 128. 2334–2340.

Yasunori Hamauzu A, Frederic Forest A, Kohzy Hiramatsu B, Mitsukimi Sugimoto 2007: Effect of pear (*Pyrus communis* L.) procyanidins on gastric lesions induced by HCl/ethanol in rats, *Food Chemistry*, 100. 255–263

Young, J., Nielsen, S., Haraldsdottir, J., Dneshvar, B., Lauridsen, S., Knuthsen, P., Crozier, A., Sandstrom, B., Dragsted, L., 1999: Effect of fruit juice intake on urinary quercetin excretion and biomarkers of antioxidative status. *Am J Clin Nutr.* 69. 87-94.

ANNEXES

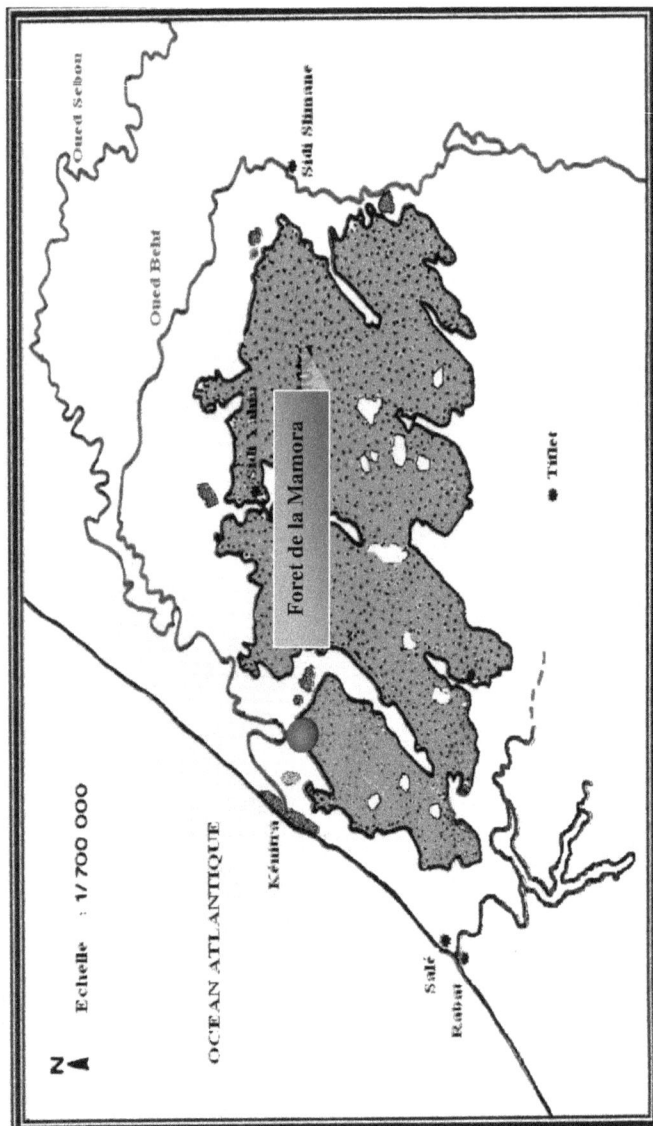

1- Carte montrant le périmètre de la Forêt de la Mamora (Source : Direction Eaux et forets , Rabat 2008)

Localisation approximative du site de récolte de *Pyrus mamorensis* (plage colorée en rouge)

2- SOLVANTS ET REACTIFS

AMHE:

    * Acétate d'éthyle..90 ml

    * MeOH..15ml

    * Hexane...5ml

    * Eau distillée..11ml

BAW :

    * Butanol..4 ml

    * Acide Acétique..1ml

    * Eau distillée..5ml

Chlorure de mercure 0,1% :

    * $HgCl_2$..0,1g

    * Eau distillée stérilisée..qsp 100 ml

Ethanol 70% :

    * Ethanol absolu...70 ml

    * Eau distillée stérilisée ....30 ml

FAA (Fixateur) :

    * ETOH 50% ....100 ml

    * Formol..6,5 ml

    * Acide Acétique ....2,5 ml

NEU 1% :

    * 2 aminoéthyl-diphénylborate ....1 g

    * MeOH..100 ml

PDA :

    * Pomme de terre ....200 g

    * Saccharose..20 g

    * L'agar agar ....15 g

    * Eau distillée..qsp.1000 ml

Réactif « Mayer » :

    * Iodure de Potassium ....5 g

    * Bichlorure de Mercure...1,36 g

* Eau distillée……………………………………………..qsp 100 ml

Réactif « Dragendorff»:

*Sous nitrate de bismuth ……………………………..........0,85 g

*Eau distillée …………………………………………..........40 ml

*Acide acétique……………………………………….……...10 ml

Réactif « Iodoplatinate de potassium » :

* Iodure de K………………………………………………….8 g

*Eau distillée……………………………………………….20 ml

Vanilline Sulfurique

* Vanilline ………………………………………………….1g

* Acide sulférique …………………………………………….2ml

* Ethanol 95 ……………………………………………100ml

* Réchauffement à 110°C

Wagner :

* Acétate d'éthyle..100 ml

* Acide formique...11 ml.

* Acide Acétique...11 ml

* Eau distillée..27 ml

3- LE MILIEU DE CULTURE GELOSE UTILISE DANS LES EXPERIENCES DE L'ACTIVITE ANTIFONGIQUE EST COMPOSE DE :

200 g d'extrait de pomme de terre ;

20 g de saccharose ;

15 g d'Agar Agar ;

QSP : 1000 ml d'eau distillée « Δ H$_2$O

4- GAMME ETALON DES TANINS

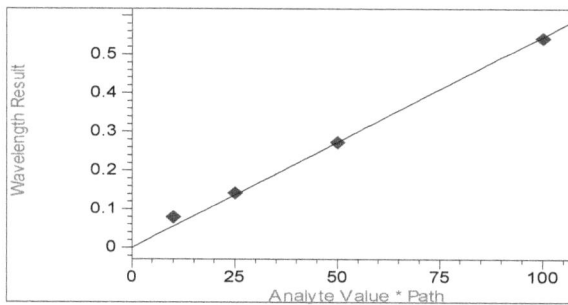

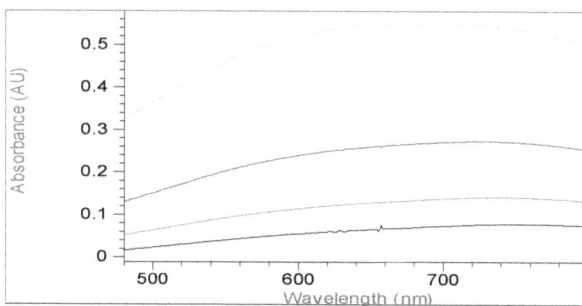

5- CHAMBRE NOIRE A UV

6- SERIE SPECTRALE DU KÆMPFEROL

Kaempférol dans le Méthanol	
+ Alcl₃	
+ Alcl₃+Hcl 50%	
+NaOH (1N)	

7- SERIE SPECTRALE DE LA QUERCITINE

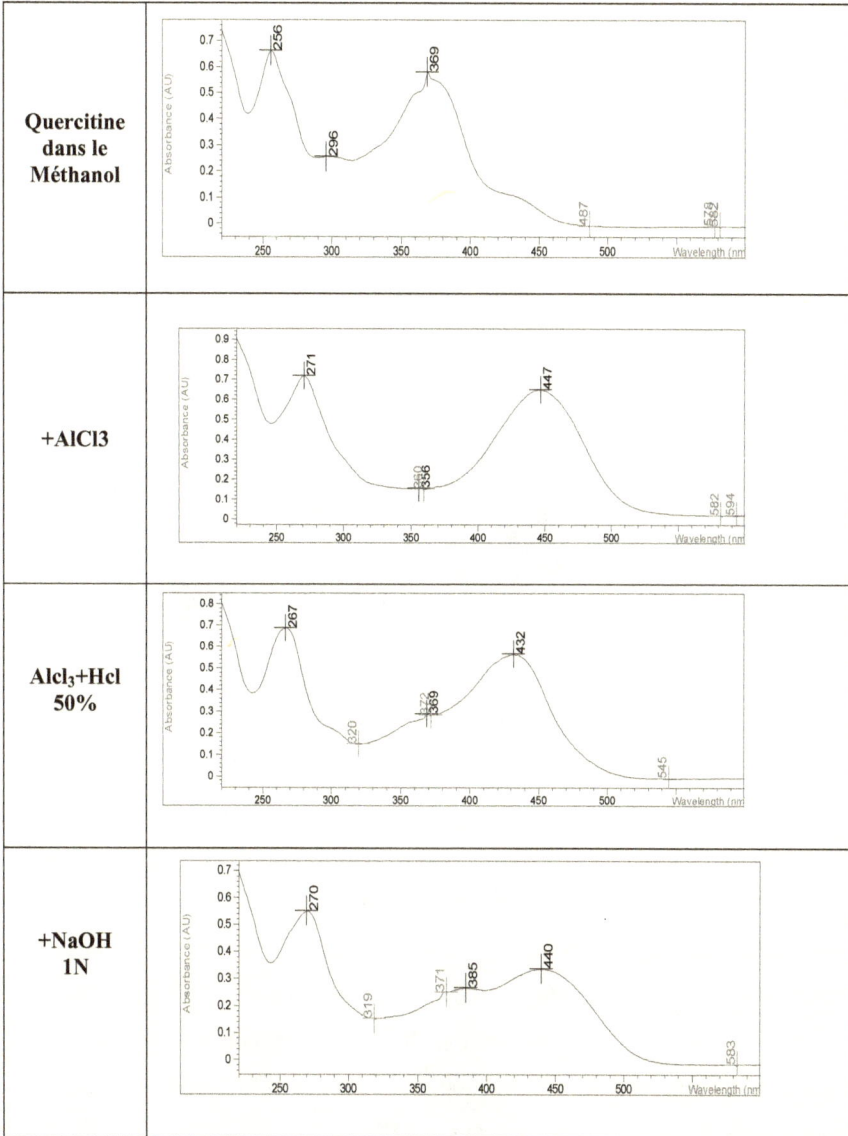

Quercitine dans le Méthanol	
+AlCl3	
Alcl₃+Hcl 50%	
+NaOH 1N	

8- APPAREILLAGE D'EXTRACTION AU SOXHLET

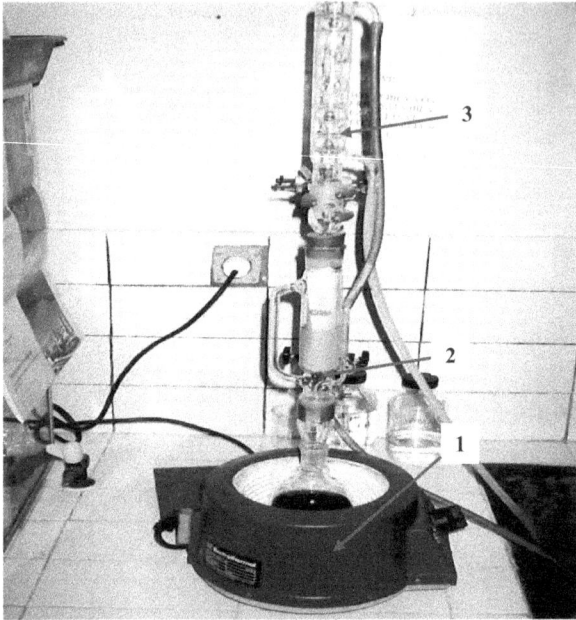

Selon cette méthode, l'échantillon est séché, broyé et placé dans une cartouche poreuse (en papier Wathman). Celle-ci est placée dans une chambre d'extraction (**2**), qui est suspendue au dessus d'un flacon contenant le solvant (**1**) et au dessous d'un condensateur (**3**). Le flacon est chauffé et le solvant s'évapore et entre vers le haut dans le condensateur où il est converti en liquide qui s'écoule goutte à goutte dans la chambre d'extraction contenant l'échantillon. La chambre d'extraction est conçue de sorte que quand le solvant entourant l'échantillon excède un certain niveau, elle déborde et s'écoule goutte à goutte en arrière, vers le bas dans un siphon. Une fois celui-ci rempli, le solvant retourne dans le flacon et une nouvelle extraction est effectuée. A la fin du processus d'extraction, qui dure quelques heures, on procède à une évaporation du solvant restant dans le flacon (**1**) pour récupérer l'extrait précipité.

9- STRUCTURES CHIMIQUES DE QUELQUES COMPOSES DES HUILES ESSENTIELLES

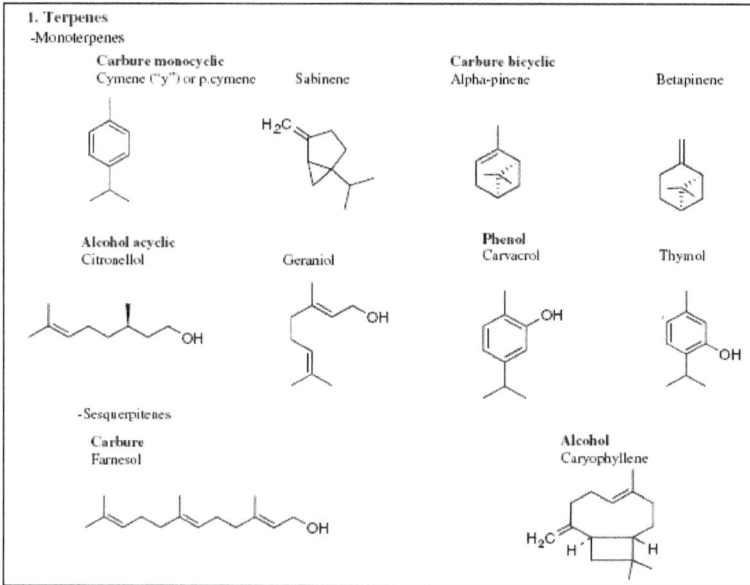

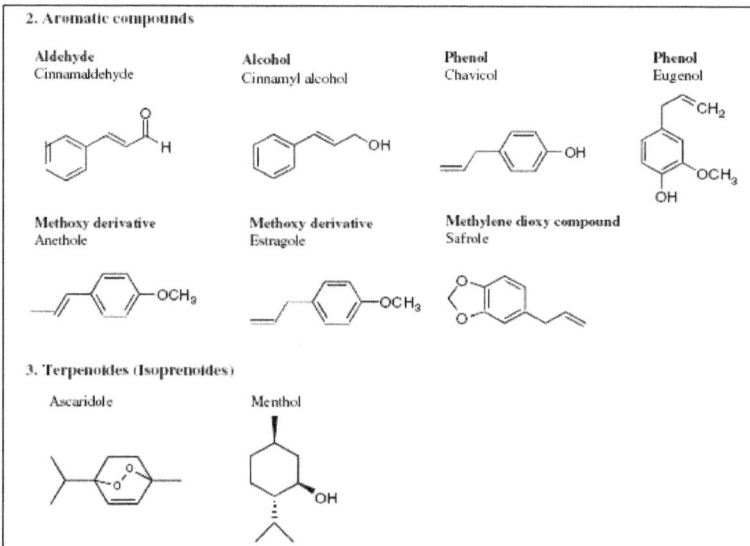

1. Terpenes
-Monoterpenes

Carbure monocyclic
Cymene ("y") or p.cymene   Sabinene

Carbure bicyclic
Alpha-pinene   Betapinene

Alcohol acyclic
Citronellol   Geraniol

Phenol
Carvacrol   Thymol

-Sesquerpitenes

Carbure
Farnesol

Alcohol
Caryophyllene

2. Aromatic compounds

Aldehyde
Cinnamaldehyde

Alcohol
Cinnamyl alcohol

Phenol
Chavicol

Phenol
Eugenol

Methoxy derivative
Anethole

Methoxy derivative
Estragole

Methylene dioxy compound
Safrole

3. Terpenoides (Isoprenoides)

Ascaridole   Menthol

163

10- EXEMPLES DE SPECTRES DES COMPOSES VOLATILES

De *Pyrus mamorensis*

```
Instrument :    5970
Sample Name:
Misc Info  : feuilles
Vial Number: 1
```

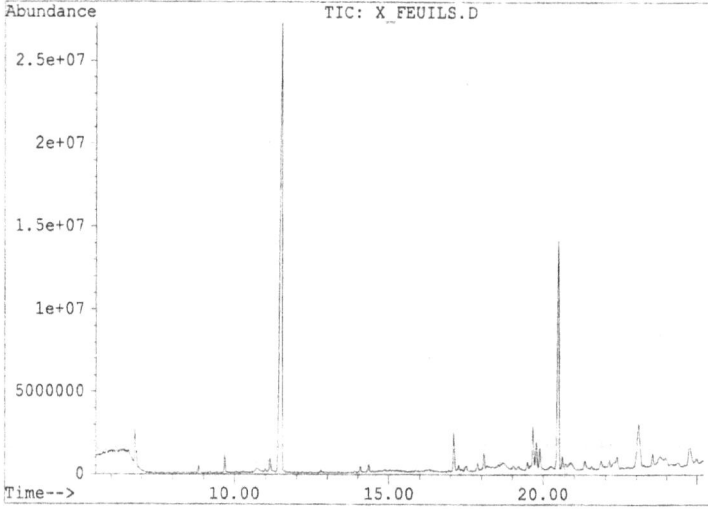

TIC: X_FEUILS.D

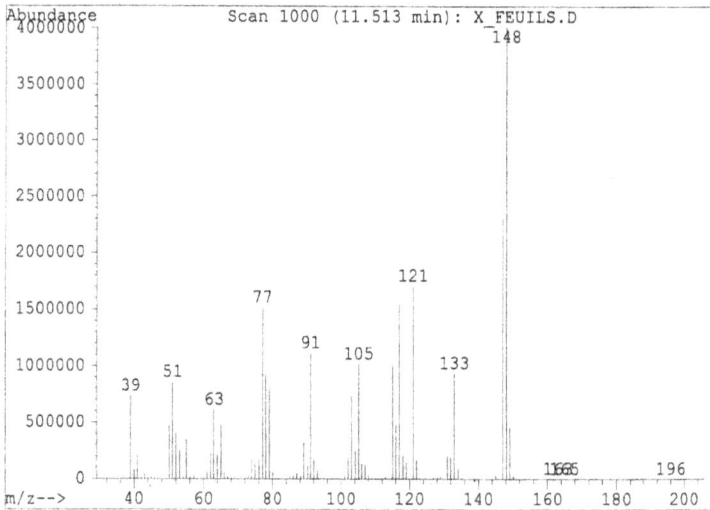

Scan 1000 (11.513 min): X_FEUILS.D

Instrument :   5970
Sample Name:
Misc Info : fruits
Vial Number: 1

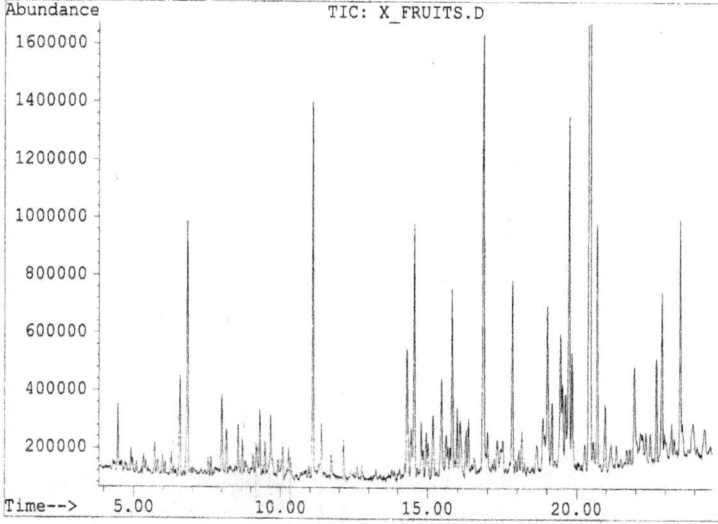

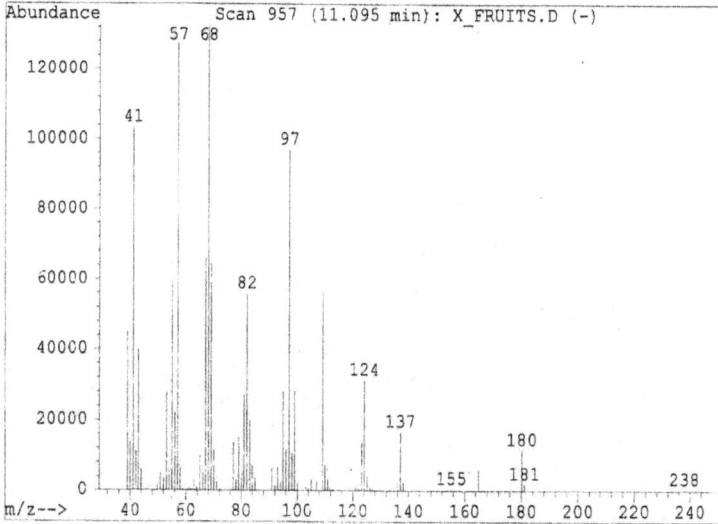

Instrument : 5970
Sample Name:
Misc Info : tiges
Vial Number: 1

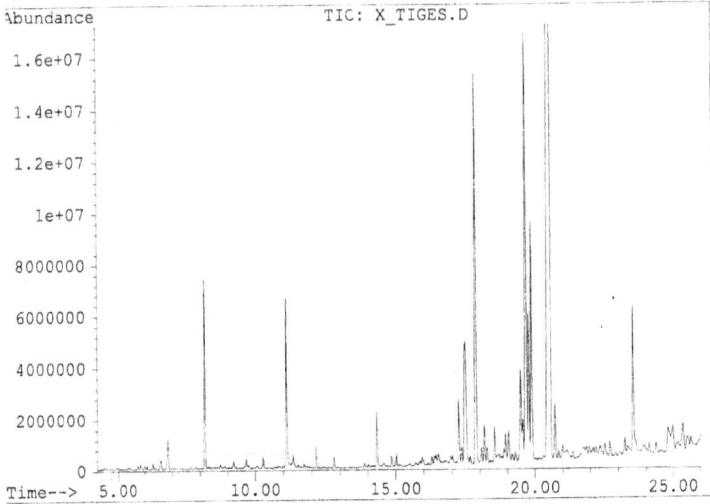

TIC: X_TIGES.D

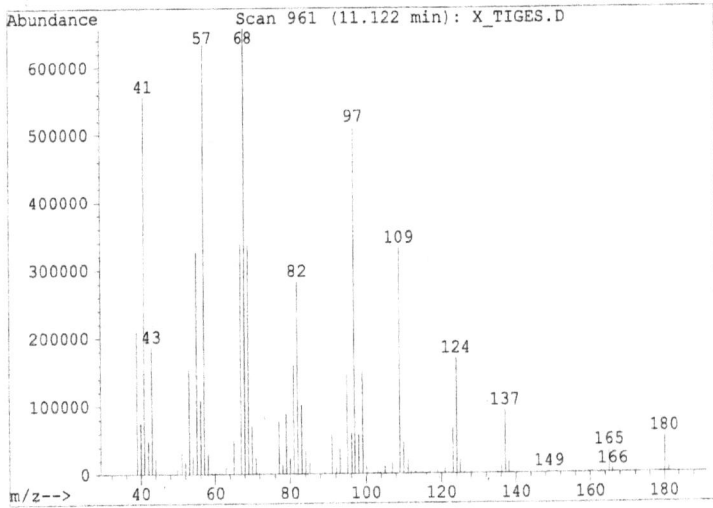

Scan 961 (11.122 min): X_TIGES.D

Instrument : 5970
Sample Name:
Misc Info : fleurs
Vial Number: 1

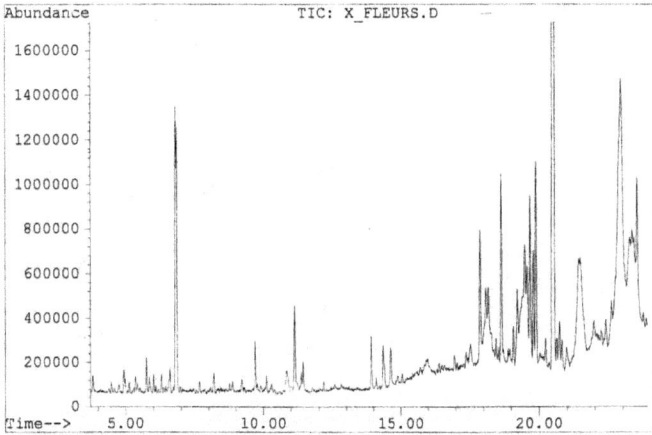

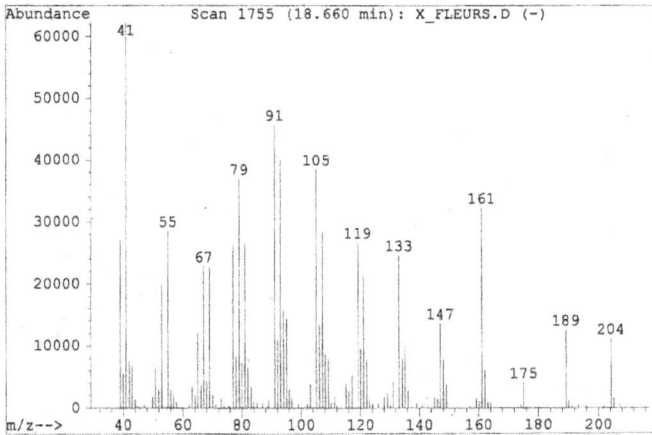

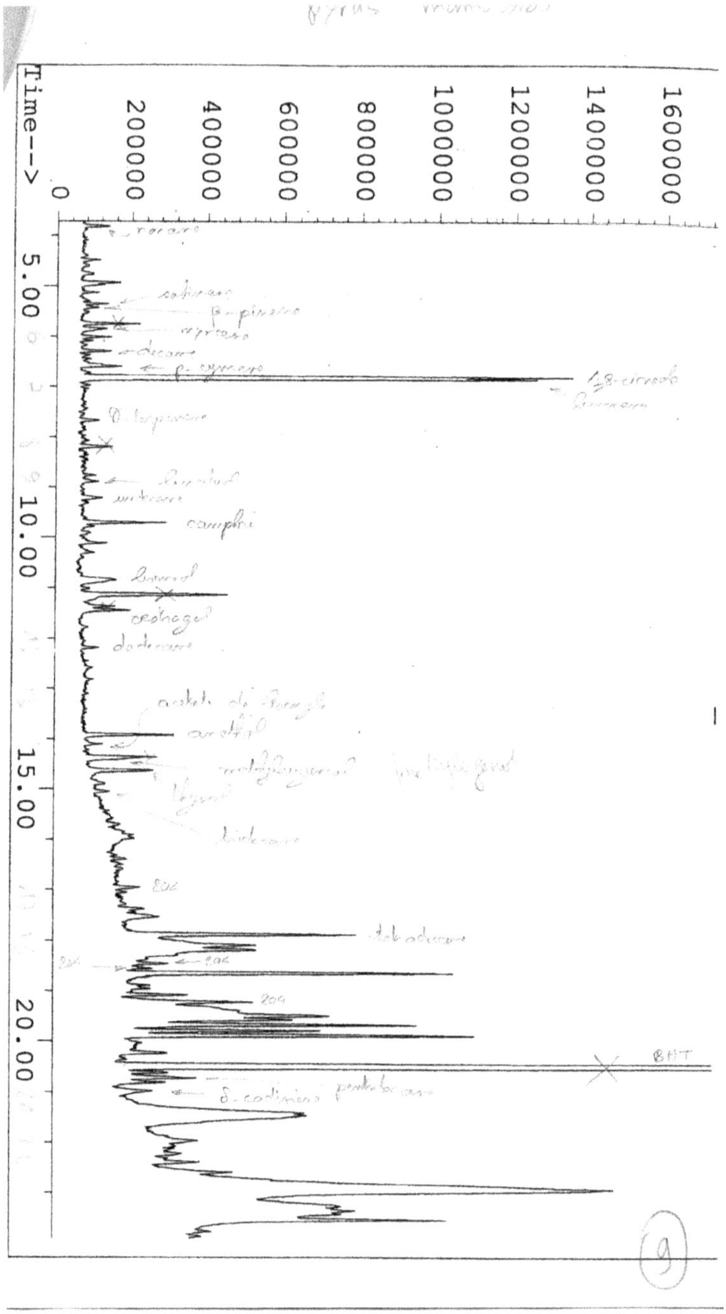
Time-->
0
200000
400000
600000
800000
1000000
1200000
1400000
1600000
5.00
10.00
15.00
20.00
BHT

11- Liste de quelques espèces de *Pyrus* (Lateur et Oger, 2006)

Pyrus Amurensis	*Pyrus Longipes*
Pyrus Amygdaliformis	***Pyrus Mamorensis***
Pyrus Aromatica	*Pyrus Medvedevii*
Pyrus Austriaca	*Pyrus Nedvedevii*
Pyrus Balansae	*Pyrus Nivalis*
Pyrus Betufolia	*Pyrus Orthocarpa*
Pyrus Boisseriana	*Pyrus Persica*
Pyrus Bretschneideri	*Pyrus Phaeocarpa*
Pyrus Calleriana	*Pyrus Pollveria Bulbiformis*
Pyrus Calleriana D6	*Pyrus Pollveria L.*
Pyrus Calleriana var. gracilif	*Pyrus Pollweria*
Pyrus Canescens	*Pyrus Pyraster*
Pyrus Caucasica	*Pyrus Pyrifolia*
Pyrus Caucasicus	*Pyrus Pyrifolia Culta*
Pyrus Communis	*Pyrus Regelii*
Pyrus Communis caucasica	*Pyrus Salicifolia*
Pyrus Communis f. magdeburgens	*Pyrus Salicifolia var. Pendula*
Pyrus Communis pyraster	*Pyrus Seratonina*
Pyrus Communis var. Caucasica	*Pyrus Serotina*
Pyrus Communis var. japonica h	*Pyrus Serotina Rehd.*
Pyrus Communis x Chinensis	*Pyrus Sinaica*
Pyrus Complexa	*Pyrus Sinensis*
Pyrus Cordata	*Pyrus sp.*
Pyrus Cossonii	*Pyrus Stumpf Betulaefolia*
Pyrus Dasycarpa	*Pyrus Syriaca*
Pyrus Decaisne	*Pyrus Lindleyi*
Pyrus Elaeagnifolia	*Pyrus Torminalis*
Pyrus Korshinskii	*Pyrus Turcomanica*
Pyrus Fauriei	*Pyrus unspecified*
Pyrus Gharbiana	*Pyrus Ussuriensis*
Pyrus Glabra	*Pyrus Ussuriensis Hondoensis*
Pyrus Heterophylla	*Pyrus Ussuriensis Ovoidea*
Pyrus Koehnei	*Pyrus Veitchii*

www.ingramcontent.com/pod-product-compliance
Lightning Source LLC
Chambersburg PA
CBHW021054210326
41598CB00016B/1208